U0477663

LEARN A BIT THE THEORY
OF SUCCESS EVERY DAY

# 每天读一点成功学

让自己离成功近一点

王岩 ◎ 著

中国社会科学出版社

图书在版编目（CIP）数据

每天读一点成功学 / 王岩著. —北京：中国社会科学出版社，2010.9
ISBN 978-7-5004-9063-0

Ⅰ.①每… Ⅱ.①王… Ⅲ.①成功心理学–通俗读物 Ⅳ.①B848.4-49

中国版本图书馆CIP数据核字(2010) 第170375号

策划编辑　曹宏举

责任编辑　张　林

责任校对　林福国

技术编辑　李　建

出版发行　中国社会科学出版社
社　　址　北京鼓楼西大街甲158号　　邮　编　100720
电　　话　010-84029450（邮购）
网　　址　http://www.csspw.cn
经　　销　新华书店
印　　刷　北京市昌平北七家印刷厂
版　　次　2010年9月第1版　　印　次　2010年9月第1次印刷
开　　本　710×1000　1/16
印　　张　15
字　　数　180千字
定　　价　29.80元

凡购买中国社会科学出版社图书，如有质量问题请与本发行部联系调换
版权所有　侵权必究

# 引 言
## Foreword

## 人生没有偶然，成功自有规律

读成功学，你只需要明白一点就够了：一个人的成功绝非偶然。

很多看似偶然的成功者，其实早就积蓄好了能量，不过在等待一些偶然的机会而已。拥有发现机遇的能力，把握机遇的能力，然后一步步走向成功——这就是成功的秘诀。就像躺在路边的金子，发现只是第一步，但你没有力气，捡不起来，也是失败。

### 一、成功学的起源

19世纪中后期，随着人类社会的进步与发展，在自然科学领域内出现了大量的发明与创造。毫无疑问，这是人类社会突飞猛进，成功案例风起云涌的时代。在这一时期，社会科学领域内也出现了一个特殊的学科——成功学——一门专门对成功进行研究的学问。

1883年10月26日，美国弗吉尼亚的一个贫寒之家诞生了一个婴儿。当他还很小的时候，继母就激励他去追求，努力成为一个伟大的人物，做出

伟大的成就。这样的教育使他从小就坚信自己会成为一个发展个性，热爱生活的成功者。

长大以后，他从没有动摇过自己的信念。18岁那年，他考上了大学，并成为了一家杂志社的编辑。有一天，他有幸被派往前去采访当时全美的钢铁大王、安德鲁·卡内基。卡内基很快就发现了这个年轻人身上的创造性，于是就建议他从事美国成功人士的研究工作。而且卡内基还利用私谊写信给美国政界、工商界、科学界、金融界等取得卓越成绩的高层人士，介绍这个年轻人与他们认识。

在此后的20年里，他拜访了包括福特、罗福斯、洛克菲勒、爱迪生、贝尔在内的504名当时最成功的人士，并进行了深入的研究，完成了一部八卷本的，具有划时代意义的书籍——《成功规律》。这个年轻人不是别人，他就是后来享誉世界，激励了千百万人去获得财富，享有"百万富翁创造者"美誉的成功学大师拿破仑·希尔。

拿破仑·希尔是当代成功学的开创者，此后一百多年来，经过无数成功学研究者以及成功人士的共同努力，成功学已经成为一门非常实用并且卓有成效的科学理论。

## 二、成功学是一门实实在在的科学

有不少人对成功学嗤之以鼻，认为那不过是蛊惑人心、投机取巧的伪科学。然而，他们错了，他们不但误解了成功的宗旨，也误解了成功学的博大精深。

成功学绝非投机取巧，而是一门实实在在的科学。它认为一个人的成功存在一定的必然性，而且是有很多规律在里面起作用的。其中包含着我们日常生活中经常默默实行的"自我激励"和"自我帮助"。从这个意义上说，成功学实际上是一套关于有效自我管理的学问。

关于自我管理的理伦，其实早在3000年前的中国就已经诞生了，如《周易》中提出"天行健，君子当以自强不息，地势坤，君子当以厚德载物。"孔子在2000多年前的《论语》中也都有阐述。从这个意义上说，成功学显然不是穴来风，追赶时髦的新鲜花样。

与当代成功学不同的是，虽然古代也有立德、立功的说法，但是并未形成一个完整的学科系统，即以开宗明义的"成功学"面目出现。而且除此之外，古代的成功学范围比较狭小。而当代的成功学几乎涵盖了我们生活的方方面面，它包含了"潜意识力、意志力、目标管理、执行力、自我行销及推销力、说服力、领导力等等领域"，可谓星空闪耀，浩若烟海。

更重要的是，成功学给我们这样一种信念——成功可以复，人人都能成功，成功并非遥不可及。只要我们真正读懂成功学，并且勇于实践，成功就会指日可待。

## 三、成功绝非偶然，失败不是命运

我们常常认为成功人士大部分都是因为运气好，并以此作为自己失败的借口。可实际上，成功存在着它的必然性，必须具备了各种成功要素才能取得实质上的成功。

史玉柱无疑是成功者的楷模，他有着神话般的传奇经历。

20世纪80年代末，史玉柱借款4000元人民币创业运作"巨人汉卡"，赚下第一桶金；1993年，巨人推出中文手写电脑等多种产品，成为位居四通之后的中国第二大民营高科技企业；1995年，史玉柱被《福布斯》列为内地富豪第8位；1997年烂尾的珠海巨人大厦不幸为史玉柱带来了数亿债务，他"沦陷"为当时中国内地个人"首负"；2000年，史玉柱另起炉灶，重新开始运作"脑白金"项目，后又以"神秘人"的身份宣布清偿巨人大厦所欠的预售楼花款；2005年，史玉柱进军网游，推出《征途》免费网游的新规则，一年后做成了用户数第一。

"沉浮"一词似乎并不太适合史玉柱，因为他其实只失败了一次：巨人集团负债关门；但他成功了三次：巨人起家、脑白金崛起、转战网游夺魁。史玉柱的解读是："我的成功没有偶然因素，是我带领团队充分关注目标消费者，做了辛苦调研而拼命出来的。"

这个世界也许真的不缺乏机会，但缺乏及时准确把握机会的能力；当然也不缺乏成功学，但缺乏深入研究并借鉴成功学的底蕴。真正的成功者，从来都是探索者和实践者，而不仅仅是成功学的学习者。

成功不是偶然的，失败也决不是命运。有许多人把自己的失败归罪于命运捉弄，其实，如果我们冷静地观察，就可发现，命运还是操纵在自己手里，坚强的人不会因为环境的不利就消失了斗志，只有那些优柔寡断的人才在外力的阻挡之下低头退缩，改变了自己当初的意愿。

### 四、要想成功，光靠努力还不够

人人都梦想成功，很多人也为之不懈地努力，但成功却总是擦肩而过或者遥不可及。

其实，要想成功，光靠努力是不够的，努力也要认准方向，认准了努力方向还是不够的，必须要有一套学习和实践的方法。

成功学就是这样的一套方法，它集中了全世界最成功人士必备的共同特质，告诉人们成功的规律——任何人只要依照这个规律，就最容易迈向成功，最容易达到成功的境界，最容易增加成功的几率。学习成功学、运用成功学并不一定能保证让你获得成功，但绝对可以增加你成功的几率。

## 引 言

不一样的人，有着相同的成功规律。如果找到了这种规律，成功就变成了非常简单的事情！一块大石头让一个人扛，就会非常吃力，如果拿一辆推车来推，立刻变得非常简单，所以，只要找到成功的规律，成功就会变成一件很容易的事情！

请相信这句话：成功只留给有准备的人。只要有精心的准备，我们的成功便是自然，而绝非偶然。

机会对每个人来说都是平等的。当一切都准备好之后，机遇来到你身边时，你就可以毫不费力地抓住它，不让它从你身边溜走。如果没有准备，就算是机会来了也无法把握好，会像流星一样，只是短暂的耀眼但转瞬即逝。

你没有必要认为成功学是在哗众取宠，对它嗤之以鼻；当然也没必要把它敬若神明，认为高不可攀。

成功学不过是一套实实在在的方法和技能——当你迷茫无助时，它会替你点亮心灯；当你挫败彷徨时，它会激发你的潜能，增添人生的勇气和力量！

好了，从现在开始，每天读一点成功学吧！让我们一起为成功做准备，我们每天就会离成功近一点。

祝你好运。

# 目 录

引言：人生没有偶然，成功自有规律

## 第一章　只要肯努力，人人都能成功

人生成功的秘诀是：当机会来到时，立刻抓住它。

- 只有想不到，没有做不到……………002
- 成功学不是教你投机取巧……………005
- 其实，成功学只是一种路径……………008
- 不同的成功者，有着相同的成功规律……………010
- 掌握规律，成功是可以模仿的……………012
- 成功学只有一个目标：帮你成功……………015

## 第二章　成功始于心动：积极的心态

积极的人在每一次忧患中都看到一个机会，而消极的人则在每个机会都看到某种忧患。

- 你是对的，世界就是对的……………019
- 挣脱自我设置的"笼"……………022
- 梦想创造人生……………025
- 激发成功的欲望……………028
- 伟大的潜意识……………031
- 唤醒心中沉睡的巨人……………034
- 多进行积极的心理暗示……………037
- 不要为打翻的牛奶哭泣……………040

## 第三章　信念因目标而生：目标的奇迹

伟人之所以伟大，是因为他与别人共处逆境时，别人失去了信心，他却下决心实现自己的目标。

- 目标铺就成功之路……………044
- 人伟大，是因为目标伟大……………047
- 树立明确的目标……………050
- 制定可行的计划……………052
- 规划人生，从细节做起……………055
- 学会量化目标……………058

## 第四章　成功成于行动：想到做到

行动是成功的阶梯，行动越多，登得越高。

行动是治愈恐惧的良药，而犹豫、拖延将不断滋养恐惧。

- 行动，行动，再行动……………063
- 时刻准备着……………065
- 不要生活在别人的皮鞭下……………068
- 不可思议的五分钟……………071
- 办法总比问题多……………073
- 克服拖拉的坏习惯……………076
- 做事要善始善终……………079
- 要做，就全力以赴……………082
- 勇于承担责任……………084

## 第五章　一生的资本：获得成功与财富的个性因素

大多数人想要改造这个世界，但却罕有人想改造自己。

- 比薪水更宝贵的东西……………090
- 重信守诺，成功之基……………093
- 挫折是一笔财富……………096
- 求人不如求己……………099
- 天道酬勤……………102

- 忠诚是一种高贵的品质……………104
- 错了，就要勇于承认……………107
- 专注使你力量无穷……………110
- 品德比什么都重要……………113

## 第六章　习惯决定成败：高效能人士的七个习惯

有一个清醒的头脑比有一个聪明的头脑更重要；

有一种良好的习惯比有一种熟练的技巧更实用。

- 积极主动：个人愿景的原则……………118
- 以终为始：自我领导的原则……………121
- 要事第一：自我管理的原则……………124
- 双赢思维：人际领导的原则……………127
- 知彼解己：移情沟通的原则……………130
- 合综效：创造性合作的原则……………133
- 不断更新：平衡的自我更新的原则……………136

## 第七章　不可小视的人脉：学点人际关系学

一个人的成功，只有15%是由于他的专业技术，另外的85%要靠人际关系。专业技术是硬本领，善于处理人际关系则是软本领。

- 真诚地赞美他人…………140
- 不要轻易批评别人…………143
- 时常保持微笑…………146
- 牢记别人的名字…………149
- 做一个善于聆听的人…………152
- 别玩没有胜利的辩论游戏…………154
- 谈论别人感兴趣的话题…………157
- 给别人留面子，就是给自己留余地…………160

## 第八章 信念的力量：自信是成功的动力

征服畏惧、建立自信的最快捷有效的方法，就是去做你害怕的事，直到你获得成功的经验。

- 我是独一无二的…………164
- 珍惜今天的一分一秒…………168
- 把握成功的机遇…………172
- 不要给自己留退路…………175
- 忘记失败，开始新的生活…………177
- 用爱拥抱每一天…………180
- 坚持到底，成功就是你的…………183
- 抱怨的世界没有希望…………185

🦅 学会控制自己的情绪……………188

🦅 加倍重视自己的价值……………192

## 第九章　要忠厚也要有谋略:完美的处世策略

如果你有权势，就用权势去压倒对手；

如果你有金钱，就用金钱去战胜对手；

如果你既无权势，又无金钱，那就得运用谋略。

🦅 不要显得比上司高明 …………… 196

🦅 看清阴谋再伺机行事……………200

🦅 学会说"不"…………… 203

🦅 功成身退，见好就收……………205

🦅 示弱也是一种艺术……………209

🦅 得理饶人，别把人逼到死角……………212

🦅 眼高手低，离成功会越来越远……………215

🦅 善待他人……………218

🦅 阎王、小鬼都得罪不得……………221

🦅 与不喜欢的人也要打好交道……………224

第一章
CHAPTER 1

# 只要肯努力，人人都能成功

机会是公平的，在它面前人人平等，没有贫富贵贱之分。

机会又是朴素的，它不会打扮得花枝招展，而是普普通通，根本就不起眼。相反，那些看起来很耀眼的机会，往往充斥着陷阱。

如何发现真正的机会，如何抓住机会，又如何将其转变为人生的飞跃呢？这一系列问题都潜伏在机遇的背后，等待着我们去解决。而一个人的经验又是很有限的，这就促使我们必须寻求一种解决这些问题的学问。而成功学正是这样一门学问，它汇集了世界各地、各个领域成功人士的顶级智慧。所以，你要想成功，就每天读点成功学吧。

## 只有想不到，没有做不到

很多血气方刚的年轻人步入社会时，哪个不是雄心万丈，哪个不渴望成功？但是为什么最后事业有成的，总是屈指可数的几个人？几乎所有人，在失败之后就不再去积极思考，不再前进，不再充满激情地说："我要成功！我一定要成功！"

也许在某些人看来，成功需要的是资本，是机遇，甚至需要借助于天意，借助于运气。其实，成功真正需要的只是一种态度，一种对待自己的态度，对待他人的态度，对待失败的态度。除此之外，成功者还需要一定的坚持和努力。

科学家曾经做过这样一个实验：他们把一只跳蚤放在一个标有刻度尺的特制容器里，任其自由运动，结果，这只跳蚤每次弹跳的高度，都是其身高的100多倍！他们得出的结论是，没有任何一种动物有如此强大的弹跳力，可以说跳蚤是世界上跳得最高的动物了。

那么，跳蚤的跳跃能力会不会随着环境的变化而改变呢？

为了验证这个问题，科学家又做了一个有趣的实验：他们把跳蚤放进一个大烧杯中，上面盖上玻璃盖子，以此测试跳蚤在封闭的环境中的跳跃能力。因为盖子的缘故，跳蚤达不到原本弹跳能力的高度，所以，刚开始，跳蚤总是会狠狠地撞到盖子上，但是在吃了很多次亏之后，跳蚤学乖了，它每次跳出的高度刚好比盖子略低一点，这样，它既能活动开身子，又不会被撞疼。

看到跳蚤变得如此"聪明"，科学家决定再换一个矮一点的烧杯试试，结果发生了和上述过程一样的事情，跳蚤再次调整了自己的弹跳高度来适应新的环境。

如此反复数次，直到烧杯的高度几乎和跳蚤的身高一般高时，跳蚤居然不再跳了，代之以爬来活动自己的身体。

这时候，科学家又把玻璃盖子拿走，不管是拍桌子还是拨动跳蚤，它都不会再去跳了，跳蚤变成了一只名副其实的"爬蚤"！

那么，跳蚤是不是就此就丧失了跳跃的能力了呢？

科学家又在装有跳蚤的烧杯底下，放了一盏点燃的酒精灯，然后观察跳蚤的反应。起初，跳蚤似乎没有什么感觉，依旧在烧杯里不紧不慢地爬着。但随着烧杯底部温度的升高，跳蚤又有点撑不住了，最终它以快速的速度来回爬动，以躲避炽热的杯底。然而，当烧杯越来越热，已无跳蚤的立身之处时，跳蚤实在忍受不了了，它用力一跳，轻松跃出了烧杯，逃生而去。

在这个实验中，跳蚤本来有自己的天赋——弹跳力，可是在无数次打压之后，它竟忘记了自己的天赋，并对自己的表现习以为常了。然而，当将其置之死地时，它的潜能竟又被激发了出来！因此对于一个有理想的人来说，成功就是这样一个不断激发出自我潜能，并将它无限延伸的过程。

那么，我们该如何来激发自己的潜能呢？

首先我们要敢想。成功始于心动，只有敢想才有希望。人类无数项的科学发明正是基于"不可思议"的想象而诞生的。有的人不敢去想，这无疑为自己设置了限制。西谚说得好："上帝只拯救能够自救的人。"同样，成功也只属于那些想要成功的人。

其次我们要敢做。成功主要是成于行动，因此在想到和得到之间是做到。有行动不一定能成功，但是不行动一定不会成功。只有当我们迈出了第一步，我们才能看到脚下的路通往何方。

最后，成功要不怕失败。曾经有人问爱迪生："你已经失败了一万次，对此你有什么想法？"爱迪生回答说："我并没有失败过一万次，只是发现了一万种行不通的方法。"

是的，如果没有成功，只能说明我们选择的方法不对，但这并不意

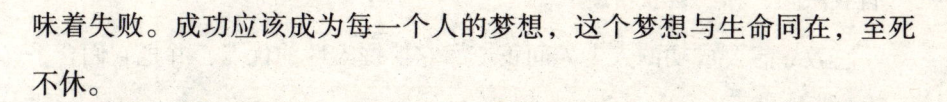

味着失败。成功应该成为每一个人的梦想,这个梦想与生命同在,至死不休。

著名的心理学家弗洛伊德认为:人生来就有"做伟人"的欲望。可以说,追求成功是人类的本能。

成功学就是这样一门学问,它不是教你学习外在的知识,而是教你如何把自己体内蕴含的无限潜能激发出来,让你自然而然地去应用这些力量,把生活中所有的美好事物,包括成功,都吸引到你的身边来!

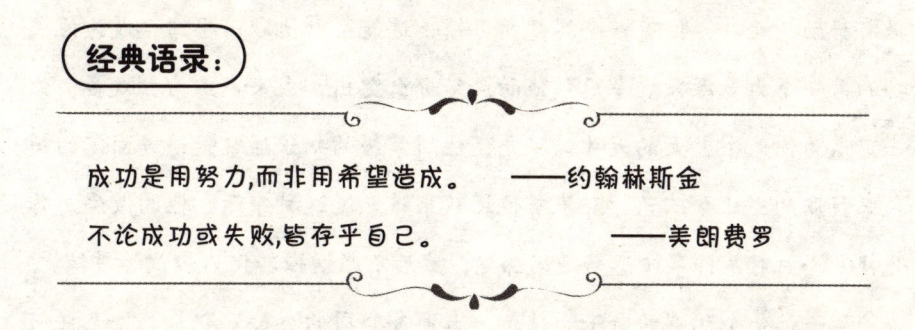

**经典语录:**

成功是用努力,而非用希望造成。　　——约翰赫斯金

不论成功或失败,皆存乎自己。　　——美朗费罗

## 成功学不是教你投机取巧

你可以不信奉成功学,但也没有必要认为成功学只是在哗众取宠,对它嗤之以鼻;你也没必要对成功学顶礼膜拜,将之视若神明,认为高不可攀。

当然,你更没有必要认为成功学就是投机取巧。相反,成功学是一套实实在在的方法和技能——其中包含着我们日常生活中经常默默实行的

"自我激励"和"自我帮助"。

它教导想要成功的人走人间正道，它挖掘人性的优点，并把它们合乎逻辑地组织在一个过程中，帮助人取得成功。

比如下面这两个案例：

在纽约，有一位很著名、很有成就的物理学家。他最近对陶艺产生了兴趣，并开始学习给陶瓷上彩上釉。他做这件事的目的就是要给自己的这个假期留下一个成功的回忆。由于他是研究物理的，所以要经常和各种难以加工的物质打交道。在陶艺上面取得的自信对他处理本职工作中的难题很有帮助。此外，他有一个冥想的习惯，这能帮助他理清思绪，成为他成功的另一个力量源泉。考虑到他的成绩那么突出，成果也是为数众多，你一定认为他是个大大的天才。可是，他所掌握的知识通常是通过固定的模式来获取的；比如陶艺，30岁前他还从未接触过这种东西，他的做法是首先找到平时对某件事情感兴趣的感觉，然后不断增强转化为尝试的自信。

另一位是个30岁的女士。她是一家商务公司的办公室职员。她无任何先天优势，却想要学习钢琴演奏。有一天在下班的路上，在路过一间小屋时，她无意发现窗子上贴着一张音乐课的广告，突然之间她有了想学的冲动。很幸运，她坚持了下来。当然，她的成功是相对的，毕竟她没有成为一名优秀的演奏家，但是她实现了她给自己设立的目标，她就是成功的。

从成功的那一刻起，她获得了从未有过的勇气，正是这股勇气让她的命运发生了转折。除了演奏钢琴的过程中体会到的音乐之美外，这种高雅的成人时尚爱好，让她的自信心充满于生活的方方面面。从一个过度劳累、超负荷劳作的家庭苦力中解放了出来，她有了自己的小公寓，身边聚集了与她意气相投的朋友。

从上面这两个例子我们可以得到一些启示，梳理出做事情的正确流程，从而使我们在由梦想通往现实的道路上，一步步坚定地走好。比如你想去意大利，那么掌握一些意大利语会使将来的旅游更愉快。所以，你最好去读意大利的时报，了解一下意大利的过去；当然，还有一些有趣的语法书、词汇表、历史文献。怎么才能很好的开始准备工作呢？还有什么是你所需的？时间和金钱。好，我们把谚语颠倒过来说给自己听："金钱就是时间"。没错，千真万确！如果你为旅行准备的钱越多，你所拥有的旅行时间就越长。那么从今天开始你就努力赚钱吧，把每天的零花钱省下来，持之以恒。想一想，现在你多积累些钱，将来旅行时就多一些经费。

这就是成功学，我们从实际的案例出发来探求成功的最佳方法，为每一位渴望成功的人，提供最快捷、最优质、最智慧的成功学知识，从而使所有有梦想的人，都能"直挂云帆"，追寻自己美好的明天。

**经典语录：**

成功的秘诀端赖坚毅的决心。　　——英国 狄兹雷利

自信是成功的第一秘诀。　　——美国 爱迪生

# 其实，成功学只是一种路径

很多人觉得"成功"很神秘，眼看着身边的人挖到了第一桶金并开始持续不断地挖到金子，却没有发现他们有什么特异之处，于是就把别人的成功归结于一种偶然，"不过碰巧罢了"。或者开始抱怨自己的命运不济，自己拥有如此才华，却怀才不遇，身边那么多不如自己的人却不断成功，真是气煞人也。

但是，他人的成功真的是"命"好吗？哲学上认为，力所不及之处是谓"命"。所以，还没有成功的人，请你要认真思考一下自己是否真的是"力所不及"了。

成功，其实是一种心态，成功学是一种路径。

很多人不理解什么是成功，也不能正确对待成功学。他们将成功视为香车、美女、豪宅、权势，将成功学视为实现这些目标的手段。所以会有人质问成功学的意义，并因此振振有词：哪一个成功者是学了成功学后才成功的？这是对成功抱有急功近利目的的人必然产生的质问。然而，他们错了，他们并没有真正了解成功的含意。

字典里的"成功"有两种解释：

1. 成就功业、政绩或事业。
2. 获得预期的结果，达到目的。

但是在现实中，"成功"并不是这般高度概括和抽象的。

希尔博士提出的成功的精髓是："一切的成就，一切的财富，都始于一个意念。" 他说："意念就是意识里产生的念头。念头就是实物；当你有固定的目标，不移的毅力和炽热的愿力去追求财富，你的念头是会转化成物质的。"这是高层次的辩证法。我们都知道，学习有学习的方法，工作有工作的方法。经过多年系统训练取得这样那样资质的人，其本质上都是学到了一种方法。这种方法，就是达成每个人所期望的"成功"的方法。它的起点，是一个"意念"，一个你决定启用这种方法去达成一个目标的意念。

因此，成功可以简单地概括为两方面的含义：

一是个人的价值得到了社会的承认，

二是个人的价值得到了自己的承认。

实现这两种承认状态的方法，我们就可以称之为"成功"。

### 经典语录：

由预想进行于实行，由希望变为成功，原是人生事业展进的正道。

——丰子恺

立志、工作、成就，是人类活动的三大要素。立志是事业的大门，工作是登堂入室的旅程。这旅程的尽头有个成功在等待着，来庆祝你的努力结果。

——巴斯德

## 不同的成功者，有着相同的成功规律

成功学认为，一个人成功存在一定的必然性，而且是有很多规律在里面起作用的。如果找到成功的规律，成功就变成了非常简单的事情！

希尔博士在对无数成功人士进行深入研究的基础上，总结出十七个成功规律：

1. 积极的心态。
2. 明确的目标。
3. 丰富的经历。
4. 正确的经历。
5. 高度的自制能力。
6. 培养领导才能。
7. 建立自信心。
8. 迷人的个性。
9. 创新精神。
10. 充满热忱。
11. 专心致志。
12. 合作精神。
13. 正确看待失败。
14. 永葆进取之心。

15. 合理安排时间和金钱。

16. 保持身心健康。

17. 养成良好的习惯。

　　这十七个定律涵盖了人类取得成功的所有主观因素，使"成功学"这种看似玄秘的学问变成了具体的、可操作的法则。这无疑为寻求成功之路的千百万人建造了到达彼岸的十七个坚实的阶梯。

　　在希尔成功学问世后，充斥美国市场的"成功学"、"致富学"图书，无不是以希尔博士的十七条定律为发端，进行演绎创新的。它们补充和完善了希尔的"成功学"。在此基础上，希尔创立了"拿破仑·希尔基金会"，这个学会成为美国成功人士的"进修学院"，希尔本人也被誉为"百万富翁的创造者"，十七条定律则被誉为"铸造富豪"的法则。

　　在美国政界与商界中，金钱和权势的角逐成功者，没有谁没有受到过十七条定律的恩泽和影响。美国的第26任总统西奥多·罗斯福、27任总统霍华德·塔夫脱、28任总统富兰克林·罗斯福、32任总统伍德罗·威尔逊、汽车大王亨利·福特、石油大王洛克菲勒、出版大王海福纳、柯达公司总裁伊士曼等人都是"成功十七定律"的印证者、受益者和支持者。

　　印度圣雄甘地与希尔博士会面并读了他的著作后，下令全国学习拿破仑·希尔的成功学，希望借此帮助印度脱离贫穷。虽然甘地这个愿望未能实现，但不知多少印度富豪，皆因此而诞生。1910年，希尔成为一位菲律宾社会活动家桂桑尔的政治顾问。在提供桂氏政治方案之余，希尔更将他的"成功学"倾囊相授，令桂氏的"成功意识"大大增加。24年后，桂桑尔成为菲律宾的第一任总统。

　　试着去向这些规律努力靠近吧，在成功的道路上，你必定会学有所成！

**经典语录：**

成功并非重要的事，重要的是努力。　　——法国 泰尔多尔

成功是用努力，而非用希望造成。　　——约翰赫斯金

## 掌握规律，成功是可以模仿的

许多人把成功看得神秘莫测，是因为成功的过程涉及到太多不可掌控的因素。其实，成功的过程就像我们看过的魔术表演或者杂技表演一样，虽然我们作为观众认为那过程中的技巧着实让人琢磨不透，但我们都知道那是表演者经过艰苦的训练之后达到的状态。

如果我们也进行相同的训练，即使一时达不到那种状态，也一定会有属于我们自己的成功，因为我们掌握的那种成功的方法。所以，成功是一种必然现象，如同火焰在易燃物、氧气、温度三者俱备时必然发生一样。

成功并不神秘，任何成功都是通过某种方法达成的，只不过不同的人成功的方法不一定被别人知道。

自从卡内基发起找出人们成功的方法这一动议起，到希尔博士经过整整20年时间，遍访美国504位最有钱、最有势的人士之后提出"成功学"的精髓为止，成功学已经在这个世界上存在近百年的历史，并且在世界各地无数的成功学大师们深入研究、完善的基础上，成长为一门筑造成功的知识体系。

那么成功的方法是什么呢？

记住——成功者都善于模仿！

别人能够做到的，你同样也能够做到。这跟你的意愿无关，而涉及到你使用的方法，也就是参照那人是怎么去做的。有些人之所以能达成目标，乃是穷多年之功，历经无数的失败，才找出一套特别之道。但是你可别走他们的老路，只要走进使他们成功的经验中，不需要花费像他们那样多的时间，也许用不了多久就可以达到像他们那样的成就。

当今世界上，最成功的模仿者应首推日本。日本令人目眩的经济背后是什么？是他们善于创新？也许有一些吧，但是如果你翻开过去30年的工业历史，就会发现很少有重大的新产品或尖端的科技是发源于日本。日本人只不过"剽窃"了美国的点子和商品，从汽车到半导体的一切东西，再加以巧妙的模仿，只保留精华，改进其余部分。

当当网上书店的联合总裁俞渝在接受记者专访时，也毫不讳言对亚马逊这个世界最大最知名的网上书店的模仿和学习。她将当当网比做是"学龄前儿童"，而"亚马逊"已经是进入"青春期"了。

相比之下，当当更在意的是"成功"而不是"复制"。俞渝在实施模仿战略时的心得，即是"要以开阔的心态和眼界去模仿。并且在模仿中重新建立适合企业本地化生存的新规则"。

模仿的第一步就是研究。在处于准备期的1997年前后，俞渝和她的先生分析亚马逊模型，开始筹备、制作书目信息数据库。1997年6月公司注册成立；1997年8月发行"中国可供书目"数据库，次年3月，几百家书店和图书馆成为当当的"中国可供书目"用户。在1999年11月网站www. dangdang. com投入运营之前，当当已经在模仿亚马逊的商业模式中，开始

加入了不得不根据中国国情而制定的本地化变革。

其实从根子上，当当就没有"照抄"亚马逊的心态。至少，当当没有像贝索斯用世界上最长的河来为自己的网站命名，弄个"长江网上书店"、"黄河网上书店"一类的名字。

俞渝说："从战略层面上讲，我们真正模仿亚马逊的只有两点：一是它是多品种战略，即让顾客有更多选择；另一个就是它的价格战略，样样打折，用低价让顾客在当当得到实惠。"当当目前在网上提供18万种商品，其中4万种左右有库存。而这个数字在2004年扩展到35万种和8万种。为了将价格降低，以适应中国消费者对价格的敏感，当当每年都要与供应商进行艰苦的谈判。

俞渝并不否认当当模仿亚马逊，但她同时也强调："我们的老师绝不只有亚马逊，作为一个'网上的大卖场'，我们的老师还有家乐福、沃尔玛这些传统零售业者。"

在模仿中重建新规则"用笨方法，从骨子里学"，这是俞渝认为当当之所以能够将网上购物这样的新事物，在中国成功推动的"模仿要义"。其中最核心也是最困难的，就是模仿战略的本地执行。

如果我们看见某个人做出了令我们心羡的成就，那么只要我们愿意付出同样的时间和努力作为代价，那么我们也就可以做出相同的结果来。所以如果你想成功，你只要能找出一种可供模仿的那些成功者，那么你就能如愿以偿。

**经典语录：**

模仿是通往卓越的捷径。　　　　——安东尼

如果看到一个优秀的人，就要挖掘他的优秀品质，根植到你自己身上。

——乔·吉拉德

## 成功学只有一个目标：帮你成功

成功学从不避讳金钱。金钱也是成功者的社会价值和自我价值得到实现的一种表现。但我们也不赞同将成功学单纯地理解为"成功赚钱的学问"。

每天在职场打拼的人，除了想要得到金钱之外，更多的是想要得到一种价值的承认——即成功学上定义的"成功"。

当今世界，金钱是一个促成成功的主流媒介。"每个人到了某一个年纪，都会开始明白金钱的重要性，因为对它产生'期望'。但空泛的'期望'是不会导致财富的。相反，对金钱有着浓烈的'愿力'——执着你的理想、筹划确定的路线去开发财富，动作坚忍不拔的精神去支援自己，永不言败、不胜无归——你将会替自己创造出惊人的财富"。

成功学的核心原理是复制成功。成功可以复制吗？答案是肯定的。只不过不是一成不变的复制，而是一种更高层次的模仿。正如国画大师张大

千说过：似我者生，像我者死。相信每个渴望成功的人都对此语有深入地思考。

成功学的目的，就是找到已经成功的实例，分析其产生的环境、条件、过程、机制，总结出其实施的方法，再对照分析现存的各项条件，将总结出来的具有普遍意义的方法在特定的环境中重复使用，得出必然的特定的成功结果。

因此，成功学的目标只有一个：

当你迷茫时，它替你点亮心灯，照亮你前行的道路和目标！
当你奋进时，它激发你的潜能，增添你人生的勇气和力量！

一个真正追求、实现成功的人，正是依靠这些目窥一切、洞悉万物的思想和智慧，逐渐理解、体悟最能体现和反映人类本质的成功学的。

成功学不仅具有旺盛的生命力和生命周期，它还有广泛深远的社会影响力，它能够充分调动每个人的积极性和创造性，能够点燃每个人工作和生活的希望和激情，能够激发出每个组织团队成员的的天性和潜能，从而使整个组织团队不断发展、壮大，直至最后取得了真正的成功。

**经典语录：**

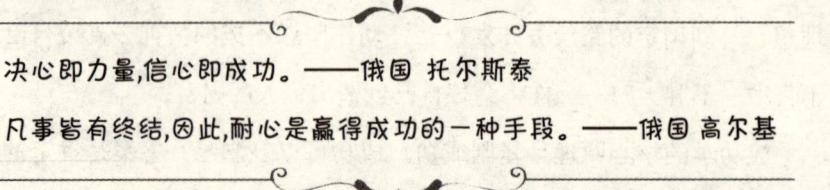

决心即力量，信心即成功。——俄国 托尔斯泰

凡事皆有终结，因此，耐心是赢得成功的一种手段。——俄国 高尔基

# 第二章 CHAPTER 2

# 成功始于心动：积极的心态

成功是人生追求的目标，成功是人生美好的愿望，成功更是一种存在的可能。虽然存在并不等于必然，但在我们走上成功之路之前，成功却是从心动开始的。

所谓心动，就是首先要有一颗向往成功的心。只有当我们对成功有了向往，有了想法，我们才能开始制订重要的目标和确实的计划。其次，心动就是要有一种良好的，积极的心态。

纵观古今中外的成功者与失败者，他们的差别就在于前者往往具有积极的心态，即PMA（Positive Mental Attitude），而后者总是以消极的心态，即NMA（Negative Mental Attitude）应对。

著名的成功学家拿破仑·希尔也曾告诫我们，在一定程度上，我们的心态决定了我们的成败：

1. 我们怎样对待生活，生活就怎样对待我们；
2. 我们怎样对待别人，别人就怎样对待我们；
3. 我们在一项任务刚开始时的心态就决定了最后将有多大的成功，这比任何其他因素都重要；

4. 人们在任何重要组织中地位越高，就越能找到最佳的心态。

擅于运用PMA的人，往往是自信、乐观、向上的，这类人更能正确处理生活中所遭遇的各种问题。这些人往往会成为成功者。惯于用NMA的人，一般都是悲观、消极、胆怯的，他们不能正视生活中出现的问题，更不用说去解决问题了。这些人往往会成为失败者。所以，成功始于心动，始于积极的心态。

## 你是对的，世界就是对的

拿破仑·希尔曾在自己的一部著作中讲述了这样一个故事：

在一个周六的清晨，一个牧师正在思索一个问题，他的太太外出了。因为天在下雨，小儿子强尼无处可去，非要和爸爸一起玩。牧师不愿意被打扰，他随手拿起一本杂志，看到上面有一副彩色的世界地图，于是就把这一页撕了下来，并将其撕成小片，然后对儿子说："强尼，你把地图拼起来，拼好后我给你两毛五分钱。"牧师本以为自己的儿子会拼上几个小时，谁知十分钟不到，儿子就进来了，说："爸爸，我拼好了。"牧师惊讶万分，当他接过地图，发现竟然没有一点错误。牧师赶紧问儿子："强尼，你是怎么做到的？"强尼回答道："很简单啊，我发现地图的背面是一个人的图像，于是，我先在地上放上一张纸，然后把有人的图像放在上面拼好，接着我在上面再放上一张纸，最后翻过来，拿掉最先放的那张

纸，就是世界地图了。我想，如果人拼得对，地图也应该拼得对。"

牧师赞叹地笑了，给了儿子一个两毛五的镍币，说："是啊，我知道明天为大家讲什么了，如果一个人是对的，他的世界也是对的。"

是的，如果你是对的，你的世界也就是对的。

也许你会觉得自己做什么事都不如别人，一无是处；有时甚至还受到父母的责备、讥讽，这更加深了对自己的疑惑：难道我做的总是错的吗？

华盛顿说："一切的和谐与平衡，健康与健美，成功与幸福，都是由乐观与希望的向上心理造成的。"

假如你觉得自己的境况比较糟糕，那么就先改变自己吧。

但是，有些人会说，自己糟糕的境况是由于别人，或者社会造成的，这怎么可能改变得了呢？的确，在社会生活中，人总会受到很多各种因素的影响。不过，说到底，如何看待这些问题，最终则是由我们自己来决定的。

维克托·弗兰克尔是某纳粹集中营里的一位幸存者，他后来回忆说："不管在什么样的环境中，人们都有一种最后的自由，那就是选择自己态度的自由。"

这让我想起这样一则故事：

艾文班·库柏是美国的一个法官，备受人尊敬。他出生在密苏里州圣约瑟夫城里的一个准贫民窟里，父亲是个裁缝，所赚的钱有时候根本不够维持一家人的温饱。为了补贴家用，他经常要拎着煤桶去铁路上捡煤块。性格懦弱的他对此很难为情，经常走小路，以免被别的孩子看见。可是，

## 第二章 成功始于心动：积极的心态

那些孩子已经熟知了他的行迹，总是在他回家的路上堵拦他，把他辛辛苦苦捡到的煤块撒得到处都是。库柏经常流着眼泪跑回家，内心充满了恐惧和自卑。可是，有一天，他读到了一本书，是荷拉修·阿尔杰著的《罗伯特的奋斗》。书中描述了一个和他处在同一种境况中的男孩子凭借自己的勇气战胜了不幸。他希望自己也能像故事中的那个少年一样积极和勇敢。

几个月后，他又去铁路上捡煤块。远远的，他就发现了几个调皮的孩子又在跟踪自己。他最开始想逃跑，可是，他想，荷拉修故事中的那个少年肯定不会这样做。于是，他拎起自己的煤桶，一步步走向那三个男孩，仿佛自己就是那个英雄少年。对库柏而言，这是一场恶仗。可是，他毫无惧色，把煤桶放到一边后就挥舞着胳膊加入到战斗中去。他狠狠地出拳，左拳打到了一个孩子的脸上，右拳打到了他的胃上。这个孩子吓得赶紧跑了，这让库柏非常吃惊。虽然自己已经挨了几下揍，但是他依然没有后退，而是瞅准时机，把一个孩子推倒在地，用膝盖狠狠地打他，直到他起不来。最后，库柏挺起身，和最后一个孩子，也就是孩子头对峙，他狠狠地盯着对方，毫不胆怯。终于，这个孩子头转身就跑。出于愤怒，库柏捡起一块石头向他扔了过去。可是，那个孩子并没有还击，反而跑得更快了。这一仗，库柏大获全胜，虽然自己也受了伤，鼻子被打出了血，身上到处青一块，紫一块。但是库柏觉得非常痛快，从今往后，他不用再惧怕什么了。

库柏之所以能打败那三个小孩，并不是他变得强壮了，也不是由于那三个孩子收敛了自己的行为，而是他的心态有了改变，他变得勇敢和坚强了。他最终通过改变自己改变了糟糕的状况。从那时起，他就深深明白了这个道理：改变自己，才能改变世界。

是的，心态决定一切！不管在什么情况下，我们只要能保持积极的良好心态，只要能改变自己，我们就能改变一切糟糕的境遇。不管怎样，不要让消极的心态左右自己，使自己生活在抱怨之中。请记住，只有人是对的，世界才是对的。那么，现在还等什么，给自己一个良好的心态吧！

经典语录：

看见一个年轻人丧失了美好的希望和理想，看见那块他透过它来观察人们行为和感情的粉红色轻纱在他面前撕掉，那真是伤心啊！

——莱蒙托夫

## 挣脱自我设置的"笼"

每个人对成功的理解都不相同。有人说，有足够的钱就是成功了；也有人说，有名和利才算成功；还有人说，做好了自己想做的事就是成功。不管成功是什么，普天之下，不论贫富贵贱，都没有人会站出来说："我不想成功，我也不愿意成功！"

那怎样才能成功呢？西方有句谚语说得好："上帝只拯救能够自救的人。"那么，我们也可以说，成功只属于愿意成功的人。

如果你不想成功，谁也拿你没办法！当你总是认为自己不可能成功时，即使是上帝也无法帮你。成功不是已经做好了的一个蛋糕，别人吃了许多，就没你的份了。成功这块蛋糕，是永远都切不完的，但问题的关键在于，成功的蛋糕需要我们自己动手去切。只有这样，你才能分得一杯羹。

美国的纽约街头有一个卖气球的小贩。当生意不好的时候，他就放飞几只气球，以此吸引孩子们的注意。每当他要放气球时，总会有很多小朋友前来围观。有一些小朋友就会买几个色彩艳丽的气球。

有一天，他又要放飞了几只气球，引起孩子们一阵欢呼声。可是，他发现围观的孩子中有一个黑人小孩，正用疑惑的眼光呆呆地望着天空。顺着他的目光，小贩看见天空中飞着一只黑色的气球。那是一个种族歧视严重的年代。黑色，在当时是卑劣、低等、肮脏的代名词。

精明的小贩很快就看出了这个黑小孩的心思，他走上前去，用手轻轻地触摸着黑人小孩的头，微笑着说："小伙子，黑色气球能不能飞上天，在于它心中有没有想飞的那一口气，如果这口气足够大，那它一定能飞上天空的！"

是啊，气球能不能飞上天，与气球的颜色并无关系。

在我们的生活中，不乏像黑人小男孩这样的人。他们总在想，不可能的，我已经不再年轻了，是跑不过那个年轻人的；我学历又低，又没有工作经验，没有公司会录用我的；我长得不好看，也没有个性，不可能吸引众人的目光。抱着这样的想法，无疑是把自己限制在了一个牢不可破的笼子里，你无法施展自己的才能，更不用说成功了。给自己设限，只能会越来越平庸。也许下面这个故事，会给你更多启发：

有一个性格内向的年轻人要参加一个舞会。他觉得在那么多人面前，自己一定会害羞，于是非常担心，忐忑不安。事实上，他看起来真的是一副很害羞的样子。但是他越担心，他表现得就越糟糕，他也就愈加认定了自己是个害羞的人。也许他想改变一下这种状况，于是就想：我是不是应该结识一下身边的人，或许我应该主动跟他们打个招呼。正当他打算行动的时候，他内心的枷锁发挥作用了，"不，我做不到！"他又马上问自己，"为什么我做不到？""哦，原来自己性格内向，是个害羞的人！"他找到了答案，也就会更加确信自己是个害羞的人。

年轻人为自己的"假设"找到了完美的原因，于是他真的就成为一个害羞的人。人一旦给自我设限，就会陷入一个恶性循环，久久不能自拔。就像给自我设限的人经常会说"不可能"，在做事之前，他告诫自己"这件事不可能完成"，结果他就真的没有完成，于是他更加确信自己一开始的判断是正确的。长此以往，你可能做到的事也就变成做不到的事了。

所以，只有自己想成功，才有成功的可能性。一个不去想事情的人，永远也成不了任何事情，因此，要想成功，就要首先解除"自我限制"的枷锁，大胆告诉自己，我能行，我一定能行！

**经典语录：**

如果给自己设限，那么人生中就会有限制你发挥的藩篱。

——佚名

多数人都拥有自己不了解的能力和机会，都有可能做到未曾梦想的事情。

——戴尔·卡耐基

## 梦想创造人生

我们小时候都有许多梦想：当一个科学家，去探索宇宙的奥秘；当一名教师，让自己桃李满天下；当一名医生，为人们解除所有疾病……长大后，儿时的梦想被活生生的现实所代替，我们变得很实际：当科学家？我没有那个头脑；当画家？我没有画画的天赋；当工程师？我没有那份执著……我们彻底地丢弃了那份梦想！

其实，有梦想才能创造人生。如果一个人有梦想，认为自己有一个美好的未来，那么他对今日遭受的痛苦，都会毫不介意，因为他一直憧憬着那个未来。一个有梦想的人，即使他前进的道路上风雨交加，也不能阻止他前进的脚步。

有了梦想，有了一个亮丽的目标，一个人就能战胜挫折，从烦恼中走出来，与苦痛绝缘，从而到达欢愉、舒服的天地。如果我们没有梦想，前途就会一片黑暗，就会生活在暗无天日的日子里，哪里还会有坚定的意志、热烈的期望、足够的勇气去打败那艰难和困苦呢？

"未来每个人都会有一台个人电脑，而到那时电脑中运行的将全是我开发的软件程序"，比尔·盖茨因为有这样一个坚定的梦想，所以才克服了种种困难，把微软公司打造成了世界上最强的软件公司，使同行业的人发出了不可思议的感叹："永远不要去做微软想做的事情。"

马登是美国成功学的奠基人和最伟大的成功励志导师，他曾说："梦想是一个人生活的航标，梦想是对未来美好的憧憬，人人都应该有梦想。"

看看女作家海伦，是如何实现自己梦想的吧：

海伦在年少时就有一个梦想，她想成为一位作家。但是，她并没有充足的时间去进行创作。生活的重担让她每天为温饱而忙碌，根本没有心情去写作。可是，她并没有忘记自己的梦想。50岁的那天，她退休了，终于有空闲的时间了。

为了实现自己儿时的梦想，海伦开始创作，并写下了自己的第一部悬疑小说。她满心欢喜地把稿件寄给了三家出版社，可是，她收到的却是三份退件。不过，她并没有灰心，将书稿又寄给了三十三家代理商，但没有一家愿意代理出版她的作品。

代理商认为海伦的作品很有创意，但对一部可以出版的稿件来说，仅有创意远远不够。也就是说，他们认为海伦的小说除了创意之外一无所有。海伦并不认为这是一个打击，她认为这是自己提高写作水平的机会。因为有了这些批评，她就知道了自己的弱项在哪里，强项是什么。

为了写出更好的稿件，海伦报名参加了一个研习班，主要学习犯罪调查理论和辩论的技巧。此外，她还搜集和犯罪有关的文章，并和犯罪学专家聊天，为自己写作积累素材。时间一长，海伦的写作技巧有了很大的提高，而且积累的素材也越来越丰富。于是，她重新构思，又开始了创作。

在一个作家会议上，海伦带去了自己已经完成了一半的作品。这次，她把每家代理商的情况考察了一遍，然后选择了实力最强大的一家，把稿件交给他们看。果然不出所料，出版商看完小说，马上就问她："你想要多少稿费？"

海伦计算了一下，认为如果自己有12万美元就可以在两年内安心写作，还可以进一步研修，于是给代理商说出了这个数字。代理商立即就同意了，就这样，海伦出版了自己第一部小说《盐的世界》，当时，她已是52岁高龄了。

有梦想还需要付出努力，这样才能把梦想变为现实，这就是海伦带给我们的启示。

梦想是社会前进的动力，人类因为有了梦想世界才变得美好起来。莱特兄弟之所以制造出了飞机，是因为人类有了飞翔的梦想；爱迪生之所以发明了电灯，是因为人类有了光明的梦想；加加林之所以得以飞上星空俯视地球，是因为人类有了探知宇宙的梦想。在伟大梦想的指引下，人类克服了种种困难，从一次次失败中走向了成功。

梦想是我们前进道路上的灯塔，也是我们对生活的一种积极的态度和对未来美好的期盼。一个人如果没有梦想，就好比鸟儿没有了飞翔的翅膀，无法飞到更高的山巅，一览众山小。为了实现梦想，有多少勤劳、热爱生活的人走在追求的路上，即使道路崎岖，也阻止不了他们前进的脚步。因为他们知道，走过去，成功就在前方。

**经典语录：**

梦想绝不是梦，两者之间的差别通常都有一段非常值得人们深思的距离。　　——古龙

心之所愿，无事不成。　　——俗语

## 激发成功的欲望

古人云:"生死根本,欲为第一。"即:"人是欲望的产物,生命是欲望的延续。"欲望是人们想得到某种东西或达到某种目的的要求,是人类与生俱来的天性,它伴随着人的始终。拿破仑·希尔曾经说:"如果说梦想是取得成功的蓝图,那么欲望就是取得成功的助推器。"

那么"欲"字又该做何正确解释呢?其实,"欲"就是目标,就是理想。举个例子,医院的婴儿房里有众多需要喂奶的孩子,饿了,他们就会大哭,来表达自己的需求。当一名护士去喂奶时,她会先给哪一个喂呢?当然是哭得最凶的孩子。因为这个婴儿用最强烈的哭声表达了自己最强烈的欲望,让人无法拒绝。

因此,一个人成功的欲望越强烈,他的行动力也就越强,那么他克服各种困难的勇气也就最强烈,成功的可能性也就越大。无数的事实也证明,只有那些有强烈成功愿望的人,才能最终走向辉煌的终点。

古希腊伟大的哲学家苏格拉底就是用这样的思想来引导他的学生的。

一天,苏格拉底的一个学生问他说:"老师,我怎样才能获得智慧?"

苏格拉底微微一笑,并没有回答,而是把他带到河边,然后用力把他的头浸入水中。出于本能,这名学生拼命挣扎,想抬起头。但是,苏格拉底并不放手,仍然用力地按着。这名学生挣扎的力气更大了,最后终于从水里抬起了头。

这时，苏格拉底问道："刚才你最需要的是什么？"

这名学生大口大口地喘着气说："当然最需要空气了。"

苏格拉底语重心长地说："如果你能像刚才需要空气那样有强烈需要智慧的欲望，你就能获得智慧。"

的确，没有什么比呼吸更重要了，强烈的欲望往往会迸发出一种伟大的力量，促使我们去摆脱身边的困扰，进而获得顺畅的呼吸。

美国人约翰·富勒，是一个有着7个兄弟姐妹的人。

因为家境贫穷，他从5岁就开始帮家里干活，9岁时已经学会了赶骡子。家里虽然很穷，但幸运的是他有一位伟大的母亲。她经常对自己的孩子们说："穷并不是上帝的旨意。我们虽然穷，可是怨不得别人，那是因为你们的爸爸从没有试着改变贫穷，他没有这种欲望。他也从没想到自己能够获得成功，我不想让你们和他一样。"这些话深深地刻在了富勒的心上。他告诉自己，我一定要成功，一定要成为富人。在这种欲望的支配下，他开始努力赚钱。12年后，他接管了一家被拍卖的公司，之后还陆续收购了7家公司，跨入了富豪的行业。有人问他成功的秘诀是什么，他想起了母亲的话，说："我们虽然穷，可是怨不得别人，那是因为家里人从没有试着改变贫穷，他们没有这种欲望。但是我有。"最后，他总结道："虽然我无法成为富人的后代，但我能成为富人的祖先。"

只要我们内心成功的欲望之火能熊熊燃烧起来，成功就指日可待了。拿破仑·希尔在《思考致富》中以众多真实的事例多次证明了这条真理。

他告诉我们，当成功的欲望与目标和毅力结合在一起时，这个人就拥有了无比强大的力量。

所以，如果你想获得财富，想高人一等，想得到社会的认可、他人的尊重，最应该具备的就是强烈的成功的欲望。也许有人说，欲望，是一个很庸俗的词，甚至连一些成功者也不愿用这个词来形容自己成功的原因。事实是，欲望正是前进的动力，成功的阶梯。

希尔进一步说，成功一定要有"我一定要"的这种志在必得的欲望。为了成功，请你用生命的全部力量大声地喊出来，"我要成功，我一定能成功！"只要这喊声是发自内心的，这个世界都会被震动。你一定得"要"，否则，你只能被动接受他人剩下的。不想要，不敢要，或者要的欲望不强烈，都会使成功与你擦肩而过，而当你看着成功远去时，成功就会对你说：因为你想要我的欲望不强烈，我要走到最需要我的人那里去。

**经典语录：**

人们常常听到这样一句话："是欲望毁了他。"然而，这往往是错误的，并不是欲望毁了人，而是无能、懒惰，或糊涂毁了自己。

——皮埃尔·布尔古

我成功，因为志在要成功，我未尝踌躇。——拿破仑

## 伟大的潜意识

成功离不开潜意识,甚至于,也就是说,我们的身心健康的发展与潜意识是息息相关的,那么究竟什么是潜意识呢?从字面上理解:潜,就是在深处不露在表面的意思;意识,通俗地讲,是人认知世界的一种心智活动。那么潜意识就是不明显,不外露在表面的关于大脑的认知,以及思想的心智活动。

为了让人更形象地理解意识和潜意识的区别,心理学家弗洛伊德曾用海上冰山做了一个形象的比喻:海平面上可以看见的冰山一角,是意识;而隐藏在海平面以下,看不见的更为巨大的冰山主体才是潜意识。

伟人爱默生曾说:"所谓的上帝也不过只是潜意识的化身而已!"他还说:"我不敢肯定是不是上帝创造整个世界,但我可以明确地告诉你,上帝已经死了,而且他把自己创造并控制宇宙的力量藏在了人们的潜意识深处。"爱默生把潜意识视为如此的伟大神奇的事物。

既然创造并控制宇宙的力量,都深藏在我们的潜意识之中,那么我们怎样才能挖掘出这种伟大的力量来创造我们的成功人生呢?首先让我来告诉你一个秘密,只要在你的潜意识里,认为某件事情是确信无疑的事实,那么这种伟大的力量都会将它变成现实!

因此,当你想要什么的时候,你就告诉自己,你会拥有它,想象它已经变为了现实,那么你就开启了那种帮你实现梦想的伟大力量!

著名的精神法则与潜意识研究权威摩菲博士,曾有一段关于潜意识的

亲身经历：

我（摩菲博士）有一个朋友，他有一个强烈的愿望，那就是去趟美国。因为他认为，自己极其感兴趣的一个问题，只有在美国才能得到解答。可是在当时，去国外并不是一件很容易的事。不过幸运的是，他懂得运用潜意识的伟大力量。他不断告诉自己，我肯定能去美国。有时候，他甚至会想象自己已经到达美国。后来，他因为一个偶然的机会到了欧洲的一个小国。在那里，他结识了一位美国教授，在教授的帮助下，他终于成功地来到了美国。

我有一位住在澳州的亲戚，患上了老年性肺结核，病情不容乐观。为了见儿子最后一面，他把儿子叫回了家。可喜的是，他的儿子熟知潜意识和信仰的关系，于是对父亲说："父亲！在一个极为偶然的情况下，我遇到了一位能创造奇迹的修士。他之所以能创造奇迹，是因为他有一片真正的十字架碎片。在我的恳求下，他把碎片给了我，而我给了他数额不菲的美金。人们都说，只要摸一摸这个十字架的碎片，就像触摸到了耶稣的身体一般，就会有奇迹发生。"

说完，他的儿子把十字架碎片放在父亲的手里。老人是耶稣的坚定信仰者，对儿子的话深信不疑。临睡前，他紧握碎片，虔诚地做了一番祷告。这天晚上，他睡了一个好觉，第二天醒来，他觉得身体舒服了很多。几天后，当医生为他检查身体时，发现他的肺结核已经转为阴性了。但是，碎片并不是真正的十字架碎片，不过是儿子从路边捡来的一个小木片而已。但是，老人相信它是，并且认为自己已经触摸了它，那自己的身体就在好转。对此，他深信不疑。于是，情况也正向他所预想的方向发展了。

一个人从诞生起，潜意识就逐渐形成：父母的教导、家庭和社会环境的影响、老师的教育，从小到大的经历，这些所有对你产生过影响的思想观念，包括正面积极的和负面消极的，全都会在汇集在你的潜意识里，并沉淀储存起来，最后形成一个人的内心世界。有了潜意识，我们的新思想、新心态以及新智慧，才有了取之不尽、用之不竭的素材。在我们所有的思想感受，以及各种各样的观念和心态中，潜意识就像涓涓的细流，最后将汇入"心"的大海，帮助我们走上成功之路。它是我们所有思维意识的源泉。总之，相信潜意识是铸就我们人生成功的伟大力量吧，因为在不远处的未来，你就会看到你所希望的景象。

**经典语录：**

一个人的人生幸福，仅靠道德方面的努力是不够的，我们还必须经常描绘自己将来的幸福形象，并依靠万能的潜意识来帮助实现。潜意识一旦接受事情后，就会想尽办法去实现它，之后你只要安心等待，就可以了。

——世界著名研究精神法则、潜意识权威乔瑟夫·摩菲

我这一生不曾工作过，我的幽默和伟大的著作都来自于求助潜意识心智无穷尽的宝藏。

——马克·吐温

## 唤醒心中沉睡的巨人

在1954年以前，人们都认为4分钟以内跑完1英里的路程是不可能的，因为人类的体力根本就做不到这一点。然而，令人大跌眼镜的是，1954年5月6日，当时年仅25岁的牛津大学医学院学生罗杰·班尼斯特以3分59秒4跑完了1500米，首次突破人类有史以来1英里赛跑4分钟大关。紧接着，在此后不到两年的时间里，又有十位运动员陆续破了这个纪录。这个例子很简短，但是它所折射出的真理却是惊人的，那就是，人类的潜能是无比巨大的，所谓极限，不过是人们在为自己设限而已。

伟大的成功学大师安东尼·罗宾在他的励志名著《潜能成功学》中写道："大自然赐给每个人以巨大的潜能，但由于没有进行各种智力训练，每个人的潜能因此而从未得到过淋漓尽致的发挥；并非大多数人命里注定不能成为爱因斯坦式的人物，任何一个平凡的人都可以成就一番惊天动地的伟业。人人都是天才，至少天才身上的东西，都能在普通人身上找到萌芽。"

前苏联著名学者伊凡·业夫里莫夫则明确指出："一旦科学的发展使人们能够更深入地了解大脑的构造和功能，人类将会为储存在脑内的巨大能量所震惊。事实上，人类平常只发挥了极小部分的大脑功能，如果人类能够发挥一半的大脑功能，将轻易地学会40种语言，背诵整本百科全书，拿12个博士学位。"

你是否觉得不可思议？但是请不要怀疑这种惊人的说法，因为许多事实证明，人的潜能犹如一座巨大的待开发的金矿，蕴藏着无限的能量，价值更是难以估计。

玛丽·雷顿是第一位获得奥运会体操单项金牌的美国运动员。在她上中学的时候，就已经是全州的体操冠军了，但是她很清楚，自己的水平与世界顶尖级的体操选手还有着天壤之别。14岁那年，她参加了内华达州雷诺市的一场体操比赛。在比赛的过程中，一个叫贝拉·卡洛里的罗马尼亚籍教练始终在关注她。比赛结束后，贝拉·卡洛里马上找到玛丽，充满信心地对她说："你愿意做我的队员吗？我将让你成为奥运冠军。"玛丽像条件反射一般，想也不想就说："别说笑了，那是不可能的。"贝拉还是很坚定："为什么不可能，我说你能你就一定能。"玛丽还是不相信自己会成为奥运冠军，但在内心，这是她一直以来的梦想。并且，贝拉的目光炯炯有神，坚定而有气魄，这让她觉得自己真的有机会实现梦想。后来，她得知贝拉教练曾经指导过奥运体操金牌得主娜迪亚，便决定追随贝拉，发誓不让她失望。

此后，玛丽在贝拉教练的指导下开始了艰苦卓绝的训练。种种困难让她几次想放弃，她甚至对贝拉说："我想，我并没有成为奥运冠军的幸运，我真的不具备那样的实力。"然而，贝拉一直在对她说："你是可以成为奥运冠军的，只要你坚持下去，一如既往。"就这样，玛丽克服了无数苦难、跨越多重障碍，终于在1984年美国洛杉矶奥运会上，成为女子体操个人全能冠军，也是第一位在体操项目上夺得金牌的美国女子运动员。此外，她还获得了女子团体操和跳马的银牌、高低杠和自由操的铜牌，5枚奖牌的佳绩使她成为这届奥运会夺取奖牌最多的美国运动员，堪称美国队最大的赢家。

至此，我们完全有理由相信，不仅仅是玛丽，我们每个人身上都潜藏着巨大的能量，犹如一个沉睡的巨人，需要以适当的方式去唤醒。只要能够被唤醒，人人都有可能成为爱因斯坦，成为爱迪生。或许有人会说："玛丽只不过是个特例，能被激发出潜能来的人，毕竟是极少数，而我只不过是一个普通人，从没幻想过可以成为爱因斯坦、爱迪生。"这种想法，其实正是他平庸的根源所在——他从未期望过自己做出什么大事，也不愿相信自己能做出伟大的事，这样他就为自己设了限。如果你不甘于平淡无味的生活，那么，不管前方有多大的阻力、多么难以克服的困难，请试着给自己一点信心，试着唤醒自己心中的巨人，努力而认真地去做上一件事情，相信在不久的将来，你必定能成功。

### 经典语录：

没有人事先了解自己到底有多大的力量，直到他试过以后才知道。

——歌德

人在身处逆境时，适应环境的能力实在惊人。人可以忍受不幸，也可以战胜不幸，因为人有着惊人的潜力，只要立志发挥它，就一定能渡过难关。

——戴尔·卡耐基

## 多进行积极的心理暗示

一个人的心理是否年轻，与他的年龄无关。有的人老了，心理却很年轻；有的人年轻，心理却已经衰老了。有的人生活乐观、积极向上；有的人心理却总是灰蒙蒙的，没有一点光亮。这就是心态的差别：积极的和消极的，心态会产生完全不同的结果。

拿破仑·希尔说过："积极的心态是心灵的营养。如此健康的心灵不但能为身体带去健康，而且还能吸引财富、吸引成功和幸福。消极的心态是心灵的垃圾。如此病态的心灵，不仅会给身体带去疾病，还会排斥财富、成功和幸福。"那么，我们如何才能拥有积极的心态呢？大师同时也给我们给出了答案："进行积极的自我暗示。"

一个人心中的意念决定了这个人会成为一个什么样的人——因为这种意念是他一言一行的源动力！因此，所谓积极的暗示，就是一个人一直都要对自己说一句相同的话，不管这句话是真是假，是对是错，最后的结果就是他都认为这句话是真的，是正确的。

因为积极自我暗示的作用大得惊人，是难以估量的，最明显的就是它在改变人的精神面貌的同时，还能治疗人的心理或者生理上的疾病。在国外，向来有一种治疗癌症的心理疗法，即"内视想象疗法"。其疗法其实很简单，不过就是让病人不断想象自己的白血球已经打败了癌细胞，并认为这是理所当然的，不值得怀疑的而已。但实验却证明，的确有患者凭借这种方法控制了自己的病情。而且这种实验不光是在医学上，在其他领域

内也有很大的成效。

　　N.H.毕甫佐夫是苏联著名的演员。但是，他有一个缺陷，那就是说话口吃。不过，让人称奇的是，只要一到台上，他就变得口若悬河了。那么在台上他是如何克服自己的缺陷呢？他的办法就是进行积极的自我暗示。每次上台，他都反复告诉自己，在舞台上的不是他，而是某某（剧中人物），而这个人说话并不结巴。经过不断的自我暗示，他终于成功了。

　　罗森塔尔教授是美国著名的心理学家。一天，他来到一所普通的中学，走进了一个普通的班级，随便在学生名单上挑选了几个名字，然后找来他们的老师和父母，说："经过我的观察和测试，这几个学生的智商很高，你们要好好教育他们。"然后，他又对这几个学生说："其实你们很聪明，你们不知道吗？"说完，给了他们一个肯定的微笑。

　　几个月后，罗森塔尔教授再次来到这所学校，走进那个普通的班级，发现被自己选中的几个学生已经成为了学校的优秀人物。就在老师夸赞教授有眼光时，教授却说："你们错了，这几个学生是我随便选出来的。实际上，我并不知道他们的智商有多高。"面对满脸疑惑的老师，教授解释说："正是因为我告诉你们他们很聪明，所以你们把他们当聪明人看，而他们自己也会把自己当聪明人看。正是这些积极的自我心理暗示才出现了这样的结果。"

　　与积极的自我暗示相比，消极的自我暗示带给人的负面效果就很多了。也许你曾经也听说过这样一个故事：有一个人因为不小心而被关进了冷藏库。第二天，当冷藏库被打开时，这个人才被发现，不过他已经被冻死了。可是，让人奇怪的是，昨天晚上，冷冻机并没有工作，也就是说冷藏库里的温度和室外的相差无几，这个温度并不能把人冻死。而且，冷藏室足够大,有充足的氧气。唯一能解释的就是:这个人被关住之后,不断地暗示自己,这里太冷了,时间不长自己就会被冻死,结果,他真的就被"冻死"了。

一位名人曾说过:"一切的成就,一切的财富,都始于一个意念。"通俗地理解这句话,就是告诉我们:你习惯于进行什么样的自我暗示,就决定了你是贫还是富,是成还是败。在生活中,我们除了应用积极的进行自我暗示以外,还应该尽力避免受到消极环境,以及来自他人的消极语言和行为的影响。

人们都知道自信很重要,但却不知道自信就是经常进行"积极的自我暗示"的结果。而自卑与消沉则来自于"消极的自我暗示"。因而,积极发展"积极心态"坚持进行积极的自我暗示则是走向成功的最简单,也是最重要的方法。如果你以前对自己的评价是"害怕表现自己,无法和人交往",那么,从现在起,你就应该敢于表现自己,喜欢与人交往!

**经典语录:**

每一天,我们都以每种方式,让自己过得越来越好。

——爱米尔·库埃

## 不要为打翻的牛奶哭泣

东汉时期有一个大臣叫孟敏,年轻时曾以卖甑(一种古代炊具)为生。一天,他担着甑叫卖时摔了一跤,担子掉在地上,甑也摔碎了。孟敏爬起来,看也不看摔破的甑,径直向前走去。有路人问他:"好好的甑被摔坏了,多可惜啊,你怎么不回头看看呢?"孟敏淡然地说:"甑已经破了,我回头看又有什么用呢?"是啊,不管甑有多珍贵,它已经摔破,这是事实,且无法改变。不管你多心疼,多舍不得,又有什么用呢?

在现实生活中,我们几乎处处都会碰到这样的事情。不是被公司裁员,丢了工作,就是被降职,少了薪水;不是被朋友甩了,丢了面子,就是股票被套,亏了大钱……林林总总的倒霉事,每天充斥着我们的生活,不胜枚举。正如宋代词人辛弃疾所说:"叹人生,不如意事,十之八九!"芸芸众生,谁敢说自己没有不如意的时候?既然摆在我们面前的生活是这样一副面孔,那么,我们到底该怎么办呢?相信读完下面这则小故事,你的心中就会有一个明确的答案。

一个名叫桑德斯的小男孩整日处于烦恼中,想起自己做过的一些错事,就寝食难安。比如,考试结束后,他一想起自己答错的题目,就难过得睡不着觉。对于自己做过的事,他总是希望当初没有这样做;对于自己说过的话,他总后悔自己当初没有把话说得更好。其实,不只是他,全班好多人都和他一样。

一天上午,他的老师保罗·布兰德威尔博士带领全班到实验室上课。学生们并不明白这堂心理课为什么要在实验室上。这时,老师拿出了一瓶牛奶,学生们更疑惑了,这又和心理学有什么关系呢?

只见保罗·布兰德威尔博士突然伸出手,一巴掌将其扫入水槽中,牛奶瓶碎了,牛奶汩汩而出。就在学生们目瞪口呆时,博士大声喊道:"不要为打翻的牛奶哭泣。"

之后,他让所有的学生都围到水槽旁边,让他们仔细看一看这瓶打翻的牛奶。他还说:"瓶子碎了,牛奶没有了,就像你们看到的一样。你们都会为此感到惋惜,可是,不管你们如何抱怨,瓶子依然是碎的,牛奶也不会回来一滴。也许你们会说,老师如果不打翻牛奶瓶,这瓶牛奶就不会有问题,可是,这一切都太晚了。我们现在应该做的就是忘记这件事,开始下一件事。我希望你们能记住这瓶牛奶,并永远记住这堂课"。

不为无法改变的事而惋惜,甚至忧伤、后悔,可以说这是古今中外哲人共同的生存智慧。

的确如此,为什么要为不可改变的事而流泪呢?当然,犯错、疏忽,是我们的不当之处,但这又有什么关系呢,谁会不犯错呢?

生活在这样一个竞争激烈的社会,我们就应该具有这样的生存智慧,因为我们手中的"甑"随时都有可能会被别人打碎,我们手中的牛奶随时也可能一滴不剩。此时,不要抱怨,也不要哭泣,更不能心灰意冷,消沉下去。"甑已破矣,顾之何益","不要为打翻的牛奶哭泣",让我们怀着宽阔的胸襟,记住这些个简单的道理。让我们带着积极的态度,记住这些教训,挺直腰,大踏步地向前走。只有这样,我们才能走过坎坷,成为生活的强者，才能在前进中实现生命的价值，成功也才会在不远的地方向我们招手。

**经典语录：**

如果错过了太阳时你流了泪，那么你也要错过群星了。

——泰戈尔

后悔过去，不如奋斗将来。 ——马克思

# 第三章
CHAPTER 3

## 信念因目标而生：目标的奇迹

伟大的成功学家卡耐基曾对世界上一万个不同种族、不同年龄与性别的人进行了一次关于人生目标的调查。他发现，只有3%的人有明确的目标，并懂得如何通过行动实现自己的目标；而97%的人，不是没有目标，就是目标不明晰，更不知道如何实现目标……十年之后，卡耐基再次调查了那些人，结果发现：有5%的人找不到了；之前属于97%范围内的人，除了年龄增加了10岁，其他各方面并没有什么变化，依然那么平庸；而之前属于3%范围内的人，都在自己奋斗的领域里内取得了让人瞩目的成绩。他们十年前树立的目标，都有不同程度地实现，而且，他们正朝着目标继续前进。

人生在世，最紧要的不是我们所处的位置，而是我们活动的方向。这是所有抱怨者、失败者都应该记住的一句真理。

## 目标铺就成功之路

对于成功者而言，有了积极的心态还不够，积极的心态只是成功的第一步。它就好比建筑物的基础，有了它，才可以在上面继续开工，而目标就是这栋建筑物的砖石。

目标对一个人的成功，作用有多大？它是一个人追求的最终结果，也是成功路上的里程碑，对一个人的意义非常重大。成功者更坚信这一真理，希尔也这样认为：

多年以前，埃德温·巴恩斯有一个宏伟的目标——成为爱迪生的工作伙伴。但要实现这个目标，他必须解决两个难题。第一个难题是他与爱迪生并不相识。第二个难题是他没有足够的钱去新泽西州的奥兰治。也许很多人面对这样的难题就退缩了，但是巴恩斯没有。没有钱买火车票，他就偷搭货运火车到爱迪生所在的城市。不认识爱迪生，他就主动上门拜见爱迪生。当他历经艰辛来到爱迪生办公室时，自己看起来已经像一个十足的流浪汉了，衣衫褴褛，蓬头垢面。但是，眼里却燃烧着热情的火焰。经过一番简短的交谈，爱迪生被他身上的激情打动了，给了他一分勤杂工的工作。虽然没能和爱迪生一起工作，但巴恩斯并不沮丧，最起码自己已经认识了爱迪生。现在，他离自己的目标又近了一步。经过几年的努力，他终于实现了自己的目标，成为了爱迪生事业上的伙伴。

在《思考致富》中，有这样一段精辟的文字评论了巴恩斯的这一行动："如果一个人有目标，并执著地去追求，就会创造一个让人称奇的人生。"

哈佛大学曾做过一项调查和研究，目的是想知道目标对人生的影响。有一群大学生从哈佛毕业了，调查人员从中挑选了一批智力、学历、生活环境都相差无几的人，对他们进行了问卷调查。调查结果显示：这群人中有27%的人没有目标；60%的人的目标比较模糊；10%的人有明确的短期目标；3%的人有明确的长期目标。

25年之后，调查组又调查了这群人的现状，结果发现：

有3%的人，因为长期朝着同一个方向努力，他们基本上都成为社会上极为成功的人，比如某一行业的领袖、商业大亨、社会精英等。

10%的人，基本上处于社会的中上层，他们不断实现自己一个又一个目标，生活状况良好。这些人中有医生、律师、建筑师、高级行政主管等等。

60%的人，基本上生活在社会的中下层，虽然工作和生活都比较稳定，但没什么突出的成就。

27%的人，基本上生活在社会的最底层，生活潦倒，经常失业，以社会救济为生，常抱怨他人和社会。

这个调查告诉了我们一个深刻的道理：目标对人生具有神奇的导向性作用。树立什么样的目标，就会有什么样的人生。

同样的道理，即使在同一种环境下生活长大的孩子，都会有着不同的人生。之所以会这样，就是因为每个人心中的目标不同。成功之人与平庸之辈的差别并不在天赋，也不在环境和机遇，而在于他有远大的人生目标。如果一个人没有目标，他就不知道该走向哪里，自然也就没有任何动力。西方有一句谚语说得好："如果你不知道你要到哪儿去，那通常你哪儿也去不了"。

所以，一个想成为元帅的士兵，也许并不能成为元帅；但是，一个不想成为元帅的士兵，一定不会成为元帅。一个人有什么样的目标，决定了他有什么样的人生。

目标对于成功的重要性，亦如氧气对于生命。没有氧气，就没有生命；撇开目标，成功也就无从谈起。成功始于目标，有目标，才会有成功。

**经典语录：**

一心向着自己目标前进的人，整个世界都给他让路！ ——爱默生

要信神，就必须有神，要成功，就必须确定目标。

——陀思妥耶夫斯基

## 人伟大，是因为目标伟大

古希腊哲学家亚里士多德曾一针见血地将人分为两类：一种人"吃饭是为了活着"，另一种人"活着就是为了吃饭"。

这种看似简单的分类，却折射出了一个真理：一个人之所以伟大，首先是因为他的目标伟大。

同样是有目标的人，有人取得了成功，有人收获了失败；有人取得的是大成功，有人收获的却是小成功。之所以有这样的差别，与目标的"大小"有莫大的关系。目标大，显示出一个人胸怀之大，眼光长远，做事看

得远，自然收获得多；而目标小，显示出一个人眼光较为短小，只关心解决眼前问题。做事只看眼前，收获自然不会多。正所谓伟人心中有志向，凡人心中只有愿望。

华兹·华斯是英国的著名诗人，他说："执著于高尚的目标，就是正在从事高尚的事业。"大目标就是教人干事业，小目标只是使人过日子。

相信每个人都曾有过这样的体会：当你只需要走10公里的路时，走到七八公里处，你便会松懈下来，而且感觉特别劳累，因为目标即将到达，而你心中就会懈怠；但如果你需要走20公里，那么在七八公里处只是一个开始而已，那时你的精神也将处于饱满的状态。大目标不可缺少，如果你设定了一个远大的目标，你就能激发出自己最大的潜能。

在一个建筑工地，有三个建筑工人在烈日下干活，挥汗如雨。一个哲学家来到他们身边，问这三个人："你们在干什么？"第一个工人连头都没抬，不耐烦地说："没看见吗！我在砌砖。"第二位工人抬起头，想了想，说："我正在砌一面墙。"第三位工人站直了身体，望着远方，充满激情地说："我在建设世界上最漂亮的教堂。"

听完这三个人的回答，哲学家立刻就判断出了这三人的未来：第一个工人眼中只有砖，可以说，他一生能把砖砌好，就算是干得不错了；第二个工人眼中有墙，如果努力拼搏一下，或许能成为一位技术人员；只有第三位工人，才有大出息，因为他的目标非常伟大，他的眼光看得最远，心中有一座殿堂。

目光短浅的人只能看见眼前，也就只能得到手头的东西；相反，一个人目光长远，他心中装着一个世界，得到的当然就多了。

古语有云："取法于上，仅得其中，取法于中，仅得其下。"树立一个伟大的目标，实现的也可能是一个打了折扣的目标。如果树立的是小目标呢？结果可想而知。

一个伟大的目标，会让一个人做大事，为更多的人和事费心出力，解决更多、更艰难的问题。例如，成为一个社会活动家或政治家，就要为人类的和平与发展而努力拼搏；作为一个法律工作者，就要为国家的法制建设、为公平和正义而奋斗；做一个企业家，就得对企业的众多工人以及社会负责……这些都需要你解决很多问题。要解决这些问题，你必须得有很大的本领，有很多知识，很强的技能，有时甚至不计个人得失，为公共利益牺牲自己的利益。在这个过程中，你会渐渐地获得丰富的知识，提升自己的能力，你甚至能变成胸襟开阔、大公无私的人，以你自己的方式为他人、为社会服务。而此时的你，自然也会得到他人和社会的认可。于是，你就因为目标伟大而终于成为一个不平凡的人了。

**经典语录：**

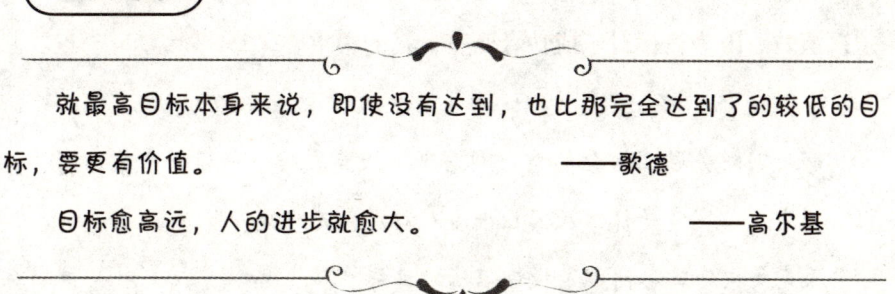

就最高目标本身来说，即使没有达到，也比那完全达到了的较低的目标，要更有价值。　　　　　　　　　　　　　　——歌德

目标愈高远，人的进步就愈大。　　　　　　　　——高尔基

## 树立明确的目标

每个人都有自己的目标,有的人想要"很多钱"、有的人想要"很大的房子"、有的人想要"很高的工资"或者是"很大的公司"。可是,你有没有想过,多少钱是很有钱呢?多少平米是很大的房子呢?工资多少才是高收入呢?什么样的规模才算是大公司?其实,在树立目标时,我们应该尽力避免这些模糊不清的词语,因为它们对你的成功一点好处都没有。一个能对生活产生影响的目标应该是详细的、明确的。

举个例子,如果你的目标是拥有一栋很大的房子,就不能只讲"大"或"好"。你应该找出你心仪的房子,确定它的位置,算出它的价格。然后,你要计算自己如何才能买到这样的房子,最后为之奋斗。只有这样,你才可能实现自己的目标。如果你想拥有一家公司,就要考虑是什么性质的公司,是与其他人合作,还是自己独创?这些都必须都必须量化,都必须搞清楚。因为目标对于成功者而言,真的很重要。

前美国财务顾问协会的总裁刘易斯·沃克在接受一位记者采访时,被记者问道:"究竟是什么原因让很多人与成功无缘呢?"

沃克爽快地回答:"是模糊不清的目标。"

记者露出了疑惑的表情,沃克进一步解释道:"我刚才问过你一个问题,即你的目标是什么。你告诉我,是有一天想在风景秀丽的郊区买一栋别墅。我可以告诉你,这就是一个模糊不清的目标。我想请问你,'有一

## 第三章 信念因目标而生：目标的奇迹

天'是哪一天呢？郊区又是哪一郊区呢？郊区的别墅有各种各样，价格也各不相同，你想买什么样的呢？如果你不能明确的回答这些问题，我可以很明确地告诉你，你成功实现自己目标的机会并不大。"

"我的建议是，如果你想实现自己的目标，就算五年内实现吧，你先算出你想买那栋别墅现在需要多少钱，然后计算通货膨胀，估算出5年后这栋房子的价格；接着，你得计算为了实现这个目标，你每月需要赚多少钱。然后衡量自己，现在是否能赚那些钱。只有经过此番计算，你才可能在不久的将来实现这一目标。但如果你只是说说，目标是根本不可能会实现的。"

刘易斯的建议是一个量化了的目标。也许你还听说过这样一个故事，一个父亲带着三个儿子到草原去打野兔。当他们来到草原后，父亲先向儿子们提出了一个问题，说："现在，你们看到了什么？"大儿子说："我看见了茫茫的草原，我手中的猎枪，以及草原上的野兔。父亲叹口气，说："你的回答不对"。二儿子赶紧说："我看到了爸爸、哥哥、弟弟、猎枪、野兔、草原"。父亲摇了摇头，又说："你的回答也不对。"小儿子不紧不慢地说："我只看见了野兔。"父亲大喜，说："这才是打猎应有的态度。"

这位父亲之所以会这样说，是因为明确的目标，为我们的行动指明了正确的方向，让我们在人生的道路上避免迷路，或者少走弯路。

当一个人的目标明确时，他就能随时将自己的行动与目标相对照，从而清楚地发现自己的行动是否与目标一致。只有这样，才能保证自己不偏离目标的轨道，而且因为有目标在前，才能克服一切困难前进，努力达到目标。

博恩·崔西是世界一流效率提升大师，他说："成功最重要的是知道自己究竟想要什么。成功的首要因素是制定一个明确、具体而且可以衡量的目标。"所以说，一个成功的目标是明确的，符合实际的。

每个人都应该树立一个明确的目标，当我们对这个目标的追求变成一种执著时，你就会发现你所有的行动都会带领你向着这个目标前进，而成功就在不远处。

**经典语录：**

有些人活着没有任何目标，他们在世间行走，就像河中一棵水草，他们不是行走，而是随波逐流。　　——小塞涅卡

灵魂如果没有确定的目标，它就会丧失自己。　　——蒙田

## 制定可行的计划

有了目标之后，还要制订实现目标的计划。有人会说，目标和计划有什么区别吗？我们都明白，目标并不等同于现实，二者之间也有一段距离，就像隔着一条河流。可是，河有深有浅，有窄有宽，有的河流中间甚至波涛汹涌。而要跨过河去，就必须要有过河的方法。这个方法，其实就是计划。所以说，当我们树立了一个目标之后，就要立刻根据自己的情况

## 第三章 信念因目标而生：目标的奇迹

制定实现目标的计划，这样，朝着目标前进才有路可循。

人们都说目标指引一个人的行动，它如航海中的灯塔，那路线就是通向灯塔的路线。只有目标是不够的，还要有计划。有些人制定了目标后，就马上开始行动，但往往因为这样或那样的原因而导致无法实现目标。也有些人因为制定的目标比较长远，一时不知道从哪里下手，在拖延中品尝着失败的滋味。

有一家公司为了激励员工，制定了一项政策，当一个月的销售额达到20万时，就可以免费去海外旅游。有一个员工为自己制定了一个目标，就是得到免费旅游的机会。他的工作态度不但开始变得积极了，而且他还制定了一个销售计划。他告诉自己：要想一个月的销售额达到20万，每个月工作25天，也就是说每天要有8万元的业绩。要想做到8万元，至少要拜访10位客户。那么，一个月就要拜访250位客户。计划做到这里还没有完结。他还问自己，这250位客户在哪里呢？自己是不是已经把拜访的行程安排到这25天的工作日程中了？在这些客户中，有哪些客户买东西的可能性最小呢？还需要再预备多少客户呢？当他把这些问题都一一解决掉时，一份完美的计划就出炉了。按照这个计划行事，他终于实现了自己免费旅游的梦想。

在制定计划时，还有一个问题需要引起我们的注意，那就是制定的计划，一定要具有可操作性。简单地来说，过河，既可以划船，也可以游泳。但是如果你不习水性，那么你想游泳过河就是痴心妄想。一个不务实的计划，即使再完美，也不过是镜中花、水中月。虽然这样的计划能在短时间内激起人们对未来的憧憬，并能满足人们的成功欲望。但是，计划不

能被执行，不仅不能给人带来行动的动力，还会使人逃离现实。

这是一个高中生为了考上理想的大学而制定的计划：

每天五点起床，先背英语单词；六点开始背化学公式；七点去上学；七点半在学校上早自习，做十道练习题；上午，仔细听老师讲课；课间操，背十五个英语单词；中午，做一张物理模拟试卷；下午，仔细听老师讲课；下午自习，完成老师布置的作业；晚上七点半，复习当天所学的功课；晚上八点半；做一套数学模拟试卷；晚上九点半，做十道化学题；晚上十点半，写一篇作文；晚上十一点半，睡前背语文课文；晚上十二点，睡觉。

初看这份计划，大多数人都会觉得这是一个有心而且很用功的学生的计划。不过，如果你仔细分析一下这份计划，就会发现这个学生几乎把自己所有的时间都安排在了学习上，每天只有五个小时的睡觉时间，而且没有任何课外生活。对于这样的一份学习计划，又有几分可操作性呢？又有几项内容可以实现呢？

如果计划没有操作性，那么计划就失去了它本来的意义。所以，我们在制定计划时，一定要对自己和环境有一个比较清晰的了解，否则，就不能制定出务实的计划，更不能保证计划能够被执行。

总之，计划是行动的路线，只有一个完整而务实的计划才能让我们顺利实现目标。假如我们在行动前，能够考虑各方面的因素，精心制定一个计划，那么我们就一定会将事情做得很完美，目标也就唾手可得了。

> **经典语录：**
>
> 计划往往夭折于实施之前，这或者由于是期望太高，或是由于投入太少。
> ——T·J·拉特赖特
>
> 计划的制定比计划本身更为重要。
> ——戴尔·麦康基

## 规划人生，从细节做起

少了一个铁钉，丢了一只马掌；

少了一只马掌，丢了一匹战马；

少了一匹战马，输了一场战役；

败了一场战役，亡了一个国家。

这是在英国广为流传的一首歌谣，它无情地概括了一场由一个铁钉而导致失败的战役。莎士比亚将它浓缩为一句话："一马失社稷。"

也许你觉得不可思议，可是这些细节确确实实决定着我们的成败。有一位求职者到一家公司去面试，老板问："你带简历了吗？"应聘者回答："你没通知我带简历啊！"这简短的一句话，注定了这位应聘者被淘汰出局——原因自不必细说。

生活中、学习中、工作中、与人相处中充满了无数个细节，绝大多数

细节会像我们每天数以亿万计脱下的头屑一样，看不到扬起或落下便无影无踪了。但正是这样一些细节却组成了一个个活生生的人性。正如漫长的人生由一个个短暂的天组成的一样，无数的细节构成了伟大的情节。

一屋不扫，何以扫天下？小事不做，何以能成就大事？俗话说，细节是魔鬼。它能使你精心构筑起来的"大厦"轰然倒塌，让你在微不足道的地方功败垂成。反之，当我们在规划人生时，从一点一滴的小事做起，把每一个细节都照顾到，就会建立起成功的阶梯。

20世纪30年代初，王永庆只有16岁。他在嘉义开了一家小小的米店。当时，嘉义已经有多家米店了，竞争非常激烈。因为资金不充足，王永庆的米店只能选在偏僻的巷子里。开得晚，没名气，位置也偏，种种原因让米店的生意非常冷清。为了将米店维持下去，王永庆用瘦小的肩膀背着米袋一家家上门推销，不知受到了多少白眼和嘲讽。不过，他并没有因此而放弃，而是坚信自己的生意一定会好起来。

经过一番思考，王永庆认为米的质量的好坏决定了自己能否能招揽到顾客。所以，自己必须大力提高米的质量，提高服务水平。那时的台湾还处于小农经济盛行时期，农民基本上靠手收割并加工稻子。农民把稻子从田里收割起来，然后把它放在马路上暴晒，之后脱粒。所以，脱了粒的大米中一般都有一些小石子之类的杂物。人们吃米之前，一定要仔细地淘一淘米，否则做出来的米饭会有沙粒，口感不好。因为当时所有的米都是这样，人们都习以为常了。

不过，淘米这一细节却使王永庆深受启发。他找来帮手，把米里夹杂的秕糠、沙粒等杂物都捡出来。这样，王永庆所出售的米的质量比其他米店都要好，因此逐渐吸引了一批顾客。

## 第三章　信念因目标而生：目标的奇迹

以前，都是顾客来店里买米，但王永庆却提供主动服务，免费为顾客送米。不管晴天雨天，不管路远路近，只要顾客有需求，他就马上将米送到家里。有一天晚上，下起了大雨，王永庆把店收拾干净后已是深夜。疲惫的他刚刚入睡，就被一阵敲门声吵醒了。他起身开门，原来是嘉义火车站对面一家旅店的厨师来买一斗米。当时，王永庆卖出一斗米只能赚一分钱。在这大雨天，他实在不想赚这一分钱。可是，为了保证信誉，他还是量了一斗米，免费给顾客送到旅店。(管理学叫做感动营销)

王永庆不但服务上门，还非常注意服务细节。他不是把米送到顾客家里，而是把米倒进人家米缸里。如果米缸里还有一些米，他就先把陈米倒出来，然后洗净米缸，倒进新米，最后将陈米放在最上层。这样，那些陈米就不会因为时间太长而变质。

如果有顾客第一次买他的米，他都会将这家的情况打听清楚。比如，家里有几口人吃饭，一顿饭能用多少米。然后，他根据这些情况估算出这家人下次买米的时间。到了那个时间，不等顾客来买，他就主动送货上门了。

质量好加上服务好，米店的生意越来越好。从这家小米店起步，王永庆最终成为今日台湾工业界的"龙头老大"。

一个人越是注重细节，他就越容易成功，王永庆的成功就是很好的证明。然而现实生活中，大多数人并不注重细节，总觉得自己是做大事的人，整天执著于小事没有任何意义。殊不知，把简单的事做好、做到位就是极不简单了。只有把简单的小事做好，才能臻于完美。

有一次，米开朗基罗的朋友过来看他，发现他正在为一个雕像做最后的修饰。过了一段时间朋友再次过来看他时，发现米开朗基罗仍在修饰那尊雕像。

朋友开玩笑地说："我看你的工作一点进展都没有，动作慢得简直跟蜗牛爬行一样。"

米开朗基罗说："我花许多时间在修整雕像，例如，让眼睛更有神，肤色更美丽，某部分肌肉更有力，等等。"

朋友不禁诧异道："可是这些细微之处是不会有人注意到的呀！"

米开朗基罗说："不错！这些都是细微的小细节，可是把所有的小细节都处理妥当，雕像就会变得完美至极！"

完美，对于绝大多数的人来说可遇而不可求。他们往往苦苦追寻，却得不到完美的真谛。米开朗基罗的话给我们启示是：完美就隐匿于不为你所察觉的细节之中，就在于你没有察觉的过程之中。

因此，当我们已经有了前进的方向，在规划线路和行动时，一定要注重细节，记住：细节决定成败。

**经典语录：**

大礼不辞小让，细节决定成败。　　——汪中求

天下难事，必做于易；天下大事，必做于细。　　——老子

## 学会量化目标

1984年，日本东京举办了一场国际马拉松邀请赛。在比赛中，一个没

## 第三章 信念因目标而生：目标的奇迹

有名气的日本选手山田本一却拿到了冠军，真是出乎所有人的意料。赛后有记者采访他，问他取得冠军的秘诀。他只说了一句话：以智慧战胜对手。很多人无法理解这句话的含义，因为马拉松比赛是最考验人的体力和意志力的比赛之一，没有足够好的身体素质，是没有夺冠希望的。因此，人们都认为这个选手这样回答不过是故弄玄虚而已。

两年后，国际马拉松邀请赛在意大利北部城市米兰举行，代表日本参加比赛的正是山田本一。让人没想到的是，他再次获得了冠军。记者又请他谈一谈取胜的诀窍。山田本一性格内向，不善言辞，想了想还是回答了那句话：以智慧战胜对手。这一次记者不再在报纸上写文章嘲讽他，而是试图揭开这智慧的谜团，可是终无所获。

十年之后，这个谜团由山田本一自己解开了。当时，他已经退役了，正在写自己的自传。在书中，他写道："最一开始比赛时，我并不懂如何进行比赛，只知道一直向前跑，通常把自己的目标定在40多公里外终点线上的那面旗上。这样的结果就是，跑了十几公里后，我就感到疲惫了，可是目标远远不见。于是，感觉更加疲惫，我被前面剩下的路程吓坏了。后来，在每次比赛之前，我都先把比赛的线路仔细查看一遍，找出沿途比较醒目的标志，用心记下来。比如，第一个看到的标志性的建筑是银行，下一个是一棵特别的大树，再下一个是一座红房子……就这样，我把标志一直记到终点。在比赛时，我先全力向第一个标志跑去，这样我知道自己的下一个小目标在哪里，于是再向第二个标志跑去，就这样，40多公里的赛程，被我分解成几个小目标后，我就能轻松地跑完了。"

人生何偿不是一场马拉松呢？谁都有伟大的目标，为什么有人一事无成，而有人却能与成功为伍？关键就在于能否将目标量化。俗话说，一口

吃不成胖子，稍不留神就会被噎到，而目标的实现也无法一蹴而就，它需要不断积累，有一个量变到质变的过程。众多量化的小目标就是这段旅程上的补给站。它们既是上一段路的终点，也是下一段路的起点。

在大目标面前，人们容易产生一种恐惧感，觉得可望而不可及，于是总想着放弃。而且目标"大"，就不容易出成绩，时间一长，人们就会因为没有成就感而变得沮丧，甚至可能放弃目标。但是，把大目标分解成小目标后，目标就在眼前，既容易找到，也容易完成。人们的信心就会大增，当然会更努力前进了。所以，无论你树立的是关乎人类命运的"大目标"，还是关乎个人命运的"小目标"，要想实现目标，都应该将其量化，一小步、一阶段地进行实施。否则，你的目标很有可能永远停留在你的心上，或者会拖延一段很长的时间。从现在开始，当你有了一个目标后，一定要记得将其量化，把树立的目标量化成几个的小目标，然后全力以赴完成第一个小目标。在达到之后，就用尽全力实现第二个小目标。这样，你就会一直很有激情地实现最后一个小目标。你就会攀登到成功的顶峰。

**经典语录：**

向着某一天终要达到的那个目标迈步还不够，还要把每一步骤看成目标，使它作为步骤而起作用。

——歌德

# 第四章
## CHAPTER 4

# 成功在于行动：想到做到

古人云："事虽小，不为不成，路虽近，不行不到。"意思是说看似很小的事情，你不去做便不能成功，即便很短的一段路程，如果不去走，那也不会到达终点。

不管你制定的目标有多明确，计划有多完美，如果你不付诸实践，那么一切都将只是空谈。成功始于良好的心态，成功需要明确的目标，这都是对的，但这不是全部。成功需要你去为之拼搏，只有拼搏了你才会收获成功。如果有了很好的想法，有了很好的见解，无论口头说的、纸上写的、心里想的，都不会实现。如果没有实际行动，工作起来只会唱高调，一切都等于零，一切都将无从谈起。

这就好比是确定了目的地，给车加满了油，如果要抵达目的地，就必须把车开动起来。"千里之行，始于足下。"行动是实现目标的唯一途径。如果你不行动，即使成功的果实就在你身边，你也无法采摘到。英国首相本杰明·狄斯累利指出，虽然行动所带来的结果不一定让你满意，但是不采取行动就绝不可能有满意的结果。

所以，达成目标的关键，是要我们脚踏实地的行动，是为实现目标所采取的一切有效的措施。

也就是说，做了，你极有可能成功，不做，你绝对不会成功。

## 行动，行动，再行动

生活中总有一种人，抱有这样或那样想法，整日做着白日梦，梦想成功有一日会像馅饼一样砸到自己的头上。非但如此，他们还会不时地制定各种各样的目标，今天下定决心一定要努力去实现自己的目标，可是第二天早上起来，一切照旧。他们总是在幻想，却从不见行动。这就是平凡的人——晚上想出千条路，早上起来走原路。因此，他们注定永远也无法得到成功女神的青睐。

事实证明，如果没有行动，一万个目标也是零。行动具有神奇的力量，只有行动才能改变你的命运。如果你想做，就去做。别恐慌，别犹豫，迅速行动起来。行动只会增强你的信心，而不会增加你的恐惧。天上不会掉馅饼，没有行动，一切幻想都只能是幻想。

丘吉尔曾说过，没有行动，就不会有任何结果。

有一个中年人穷困潦倒，总想着有朝一日能发大财。为此，他经常去教堂向上帝祷告。每次他都会祈求上帝："万能的上帝啊！看在我是您虔诚的子民份上，让我中一次大奖吧！阿门。"几天之后，他又无精打采地回到教堂，再跪下来祈祷："上帝啊，您为什么不让我中大奖呢？如果我能中奖，我会竭尽全力服侍您。求求您，就让我中一次奖吧！阿门。"几天之后，这名中年人再次来到教堂，重复他的祈祷。如此循环往复，直到有一天,他又跪着说:"万能的上帝啊,难道您听不到我的祈求吗?就让我中一次大奖吧!只要一次就能解决我所有问题,我愿把一生奉献给您……"还没说完,就被一个庄严的声音打断,"我已经听见了无数次你的祷告。可是,你最起码也应该买张彩票啊!"

只有行动才会让目标和计划有意义,假如没有行动,一切都将是零。

有家分公司的领导阶层,都是拥有高学历的人,但是公司的工作效益却非常低,业绩一直不理想,甚至有好多次机会都没有把握住,与成功失之交臂。总公司对这种情况很不理解,于是派人下去调查,最终查出了原因。原来公司开会时,每个人提出来的方案与计划都会被其他人挑出许多毛病来。一场会议下来,没有几个提案能被通过。

根据这种情况,总公司派了一位具有实干精神的中年男士出任这家分公司总经理。此人学历不高,但经验丰富,是从基层稳扎稳打一步步走到现在的。在之后的会议中,尽管有一些提案受到诸多指责,但他只要认为大方向没有错,细节也有可取之处的,他就立马拍板通过,其他的再在行动中调整。尽管他也做过一些错误的决定,可公司的运作效率很快上升了很多。一些应该抓住的商业机会也没有错过。在一次会议上,他向众人说:"首先先把脚迈出去,然后再边行动边调整是我一贯的做法,在行动中我们可能会遇到一些问题。可是,不迈出第一步,虽然没有问题会出现,但也没有成功会发生。"

俗话说,万事开头难。行动的第一步最难迈出。很多人想制定一个极为周全的计划,想考虑清楚各种情况。他们把未来各种可能产生的问题都

第四章 成功在于行动：想到做到

找出来，然后绞尽脑汁，想办法解决问题。可是，解决了一个问题，又有其他的问题产生。事情变得越来越复杂，最终，他们还未行动就自己否定了自己，就被问题压倒了。这样看来，打败他们的竟然是未发生的事，这不是很可笑吗？

因此，成功仅有目标和计划是不够的，要想成功，就要马上行动，并且将行动进行到底！

现实证明，所有的空想都是没有用的，不管多么完美的计划和多么出色是天赋，它们只有通过行动才能显示出其真正的优越性。如何让成功降临到自己头上，唯一的秘诀就是：行动！行动！再行动！

**经典语录：**

只想不做的人只能生产思想垃圾。成功是一把梯子，双手插在口袋里的人是爬不上去的。　　　　　　　　　　　——布莱克

梦想一旦被付诸行动，就会变得神圣。　　——阿·安·普罗克特

## 时刻准备着

鲁班在砍伐树木时，不小心被一种茅草割破了手指，从而得出启示，最后发明了锯子；牛顿被苹果砸头，经过一番思索，发现了万有引力定

律；伦琴在实验里，从手骨图像中发现了X射线……这些人毫无疑问都属于成功人士。

对于这些成功者，有人嫉妒，说他们不过是因为运气好才取得这些成绩的。可是，当苹果砸到你的头上时，你是把它作为一个机遇呢，还是觉得自己是个倒霉蛋？这两种不同的感受就是伟人与凡人的区别：在你认为不可能的时候别人却认为这是一种机遇。而这种机遇依赖于他们平日知识的积累和灵活的思维方式。如果没有知识的准备，头脑也不敏锐，即使遇见机会，也不可能将机会抓在自己的手中。实际上，在弗莱明之前，也曾有科学家见过青霉素菌抑制葡萄球菌的现象；在伦琴之前，也已经有物理学家注意到X射线的存在。可是，他们并没有意识到这是一个发现之机，也没有做好准备，所以才拱手把成果让给了他人。

机会只偏爱那些有准备头脑的人，下面这个故事就是最好的证明。

1984年，邹荣祥在海拔4500米以上地区搭建电台并成功实施呼叫，这在世界上是首次。有人让他谈谈自己的成绩，他说了一句话：机会偏爱有准备的人。

邹荣祥10岁就迷上了无线电。1957年，他考入了贵州国防体协无线电运动队，成为一名专业人士。就在他如饥似渴地学习知识时，一场浩劫让他的无线电运动事业戛然而止。"文革"结束后，他回到无线电行业中。可是，纵观世界无线电运动发展，才知道自己已经落后了太多。怎样赶上世界无线电运动发展的步伐，成了邹荣祥的心病。1979年，他和几个朋友在一起讨论人生，讨论事业。人们都意识到，要与世界先进科技水平齐平，必须先向人家学习。但是不懂外语，如何学习呢？于是36岁的邹荣祥下定决心，一定要掌握一门外语。因为当时日本的电子科技最发达，所以邹荣祥决定学日语。有了目标，他马上就去报班学习了。六年内，不管刮风下雨，邹荣祥都去上课。为了节省时间，他通常拿两个馒头当晚餐，一边走一边吃，还不忘念日语单词。

邹荣祥不仅努力学习语言和理论知识，还坚持锻炼身体。每天早上，他都从家中跑到东山，然后蛙跳230级台阶来到山顶，再蛙跳下山，重复三次。一年四季，风雨无阻。

1984年10月，邹荣祥41岁。一天，他突然接到北京国家无线电运动协会要对他进行考察的通知。如果考察合格，就让他参加中日联合攀登纳木那尼峰登山队，在队中主管无线电台搭建和通联工作。经过考察，邹荣祥各种条件都符合，终于加入到团队中。时任国家无线电运动协会秘书长的汪勋回忆道："这项任务具有重大历史意义，参加者必须具备四个条件：有高超的无线电技术，有日语的口语和翻译能力，体能条件优良，政治素质过硬。经过一番考察，只有邹荣祥具备所有的条件，自然就选择了他。"

想一想，如果邹荣祥不学日语，不钻研技术，不锻炼体能，他能参与这一历史壮举吗？答案肯定是否定的。正因为邹荣祥有了准备，机会才最终选择了他。

机会的出现是毫无规律的，它是随时随地，在任何可能或不可能的地方出现，有时甚至你毫无觉察，只有在回首往事时，才意识到过去的那件事是个成功的机会，只是后悔没有抓住它。所以说，要想抓住机会，就要随时随地做好准备，也就是说平日要多锤炼自己，完善自己。只有这样，当机会出现时，你才能将其抓住，走向成功。

**经典语录：**

一个明智的人总是抓住机遇，把它变成美好的未来。

——托·富勒

我们多数人的毛病是，当机会朝我们冲奔而来时，我们兀自闭着眼睛，很少人能够去追寻自己的机会，甚至在绊倒时，还不能看见它。

——卡耐基

## 不要生活在别人的皮鞭下

每个人都希望能独立地处理自己的事务，不希望别人指指点点，也不希望被别人牵着鼻子走。但谁都知道，要想达到这一点是很困难的。但是在一本名为《把信送给加西亚》的书中，却有一段文字启发我们，这个希望也是可以实现的：

在美西战争爆发之即，美国总统需要立刻与古巴的起义军将领加西亚取得联系。当时，加西亚出没在古巴的大山里，没有人知道他的准确位置。可是，美国总统必须与他取得联系，迫在眉睫。有人告诉总统："如果说有人能找到加西亚，那么这个人肯定是罗文。"于是总统派人把罗文找来，交给他一封写给加西亚的信。至于罗文中尉如何接了信，如何用油纸袋包装放在胸口藏好；如何坐船到达古巴；如何用3个星期的时间徒步穿过处处都是危机的林地，最后终于把那封信送到了加西亚的手上——这些细节都不是我想说的。

我想说的是，美国总统把信交给罗文后，罗文接过信，并没有问："加西亚在什么地方？我如何找到他？"

我们应该为罗文中尉这样的人树立塑像，放在所有的大学里，以纪念他的精神。其实，年轻人不仅仅需要书本上的知识，也不仅仅需要他人的教诲，年轻人应该铸就这样一种精神：自动自发，迅速地行动起来，全力以赴地完成任务——这就是把信送给加西亚的精神。"

从中我们看到，罗文那种自动自发、不找任何借口的行动精神就是一种不受制于人的资本。因此，我们可以说，要想独立地处理自己的事务而不受制于人，我们唯一能办到而且最有把握的方法就是：自动自发，主动做事。

任小萍曾任中国外交学院副院长。她在每一个岗位上，都是自动自发、不找任何借口努力工作的。

大学刚毕业，她来到英国大使馆做接线员。很多人都认为接线员是一个没有前途的工作。可是，任小萍来到工作岗位上后，默默努力地工作着。她记下了使馆中所有人的名字、电话、工作职责。此外，她对他们家属的名字也都如数家珍。经常有一些打进电话的人并不是特别清楚要找谁。任小萍就尽量多提几个问题，帮他找到要找的人。时间一长，使馆人员有事出去时，并不把行程告诉自己的翻译，而是告诉任小萍，因为有人来找自己时，小萍记得最清楚，传达得也最及时，最准确。不久，使馆人员把私事也委托给她,她俨然成为了使馆里全面负责的总秘书。

因为工作出色,大使竟然亲自来到电话间,大肆表扬她。大使到电话间,这可是从来没有的事。没多久,她就因工作出色而被破格提拔,去给英国某大报的首席记者做翻译。首席记者是个老太太,很有名气,曾得过战地勋章,还被授过勋爵。老太太人不但出名,脾气也大,甚至赶走了前任翻译。任小萍上任时,并没有得到她的认可。可是,小萍不理会这些,只是自动自发地工作,不管多难的工作都不找理由推脱。一年之后,老太太遇见人就说:"我的翻译比你的好上10倍。"

其实,没有人在行动中不会遇到问题。当遇到问题后,你是抱怨、是逃避问题,还是用实际行动、自动自发地解决问题、战胜困难呢?想必罗文以及任小萍的事例已经给我们给出了最好的答案。

**经典语录:**

我要宣传的不是颓废的淫逸哲学,而是自发的人生之道。

——罗斯福

借口是拖延的温床。 ——西点军校的名言

## 不可思议的五分钟

我们先来看两道简单的数学题：

50% × 50% × 50%=12.5%

60% × 60% × 60%=21.6%

在第二个算式中，虽然每个乘项比前面的算式只增加了0.1，而结果却是成倍增长。它启示我们：每天多做一点点，成功就会成倍地增加。笑容比昨天多一点点，精神就会比昨天更好，行动比昨天迅速一点点，效率就会比昨天更高，方法比昨天进步一点点……这样每天进步一点点，时间一长，我们就会进步一大步，最终会导致"天翻地覆"的变化，走向成功。

我们再来看一个例子：

假设，荷塘里有一片荷叶，它每天都会长大一倍，30天就会覆盖整个荷塘。那么请问，第28天荷塘里的荷叶有多大呢？答案是荷叶会覆盖了四分之一的荷塘。此时，你站在荷塘的岸边就会发现，荷叶并不是特别大，可是等到了第29天，荷叶就会覆盖一半的荷塘，到了第30天，荷叶就会覆盖整个荷塘。

每天长大一点点，荷叶由小变大，终于覆盖了整个荷塘。其实，在追求成功的过程中，只要我们每天进步一点点，迟早会达到自己的目标。当然，在最初，进步也许并不那么明显，可能有长长的"28天"都无法让人满意。可是，只要你坚持下去，到了"第29天"、"第30天"，终会有质的变化。每天多做一点点，成功迟早与你有约。

有个哲学家曾经这样问他的弟子："你了解南非树蛙的知识吗？"弟子回答说不了解。哲学家就说："你不了解没关系。不过，如果你想知道，你可以每天多花五分钟阅读有关南非树蛙的资料。那么，5年之后你就会成为南非树蛙的行家。到那时，就会有人邀请你去演讲，当然也会给你一大笔钱。因为这是一门很专业的学问，精通的人并不多。"

每天只要5分钟，5年后，你就能成为这个领域中的权威人士！

这听起来似乎是不可能的事，但事实上，成功真的就这么简单！但问题是，听起来这么简单的事，事实上却很少有人能做得到，这也是成功的关键所在。

很多人都认为成功者与失败者之间的距离就像天与地。其实，成功的人与失败的人只差在一些小事情上，比如，每天多阅读一份资料，多拨打一个销售电话，多奋斗一点，多花一点心思，多做一些研究。每天多做一点点，每天就会进步一点点，也就离成功也会近一点点。

每天进步一点点，看起来容易，实际上很多人却无法做到。因为，他们缺少耐性。每天进步一点点是很简单的，很多人之所以做不到是因为他不做，或者是不屑于做，或者是不愿意做。千万不要因为事情简单就不去做了。这样想的人，永远也无法成功。因为成功并没有你想象得那么难，把简单的事做好了就足够了。

一个人如果每天都能多做一点点，哪怕是多做1%。想一想，假以时日，还有什么能阻挡他最终获得成功呢？一个企业，如果每天都比昨天进步一点点，并使其成为企业文化中的一部分，那么，还有什么能阻挡它获得长远的发展呢？

在很大程度上，竞争对手并不是我们打败的，而是他们自身忘记了每天多做一点点，每天进步一点点。同样的道理，成功的人并不比我们聪明能干，而是他们每天比我们多做了一点点。

**经典语录：**

冰冻三尺，非一日之寒。————古时俗语

博观而约取，厚积而薄发。————苏轼

## 办法总比问题多

在日常工作中，几乎所有的人都经历过这样的事情：当被问到为什么没有完成工作时，我们的第一反应是这个工作由于诸多的困难难以解决，因此无法完成。于是"问题"成为大多数人逃避责任、回避责任的第一借口。而成功的人士却从不为自己找借口，他们坚持"世上没有解决不了的问题，只有不会解决问题的人"的人生信条。

冈索勒斯是美国著名的哲学家、教育家。在他还是个大学生时，发现大学教育中存在着严重的问题。于是,他去找校长,他走进校长的办公室,对校长说:"校长先生,我认为我们的教育存在着严重的弊端,应该进行改革……"校长抬头一看是一个愣头小伙儿,就淡淡的对他说:"这些问题是该考虑,但是就我们现在的情况而言,你的这些建议不可行。"

校长拒绝了冈索勒斯的建议。但倔强的冈索勒斯没有灰心,他决定自己创办一所大学,亲自当校长,并消除教育中存在的这些弊端。但在当时的情况下,创办一所学校至少需要100万美元。冈索勒斯根本无法弄到这么多钱,他静静的思考该怎么弄到钱的问题。每天回到寝室,他总是在想着这些问题。

冈索勒斯的同学们都认为他的想法太荒唐了,但冈索勒斯对此很不以为然,他始终相信自己能筹到这笔钱。最后,他想到了一个办法,他给报社打电话说自己想举行一个专题演讲会,名字叫做《假如我有100万美元》,希望能得到报社的支持和帮助。在报社的宣传下,这场校园演讲吸引了很多社会名流。面对这些精英和成功人士,冈索勒斯诚心诚意的把自己创办一所大学的构想和具体的实施方案告诉了大家,台下的很多人受到了感动。

演讲结束后,一个商人站了起来,他对冈索勒斯说:"小伙子,你讲得非常棒,我愿意赞助100万美元,帮助你去实现你的理想。"这个商人名叫菲利普·亚默。冈索勒斯用这笔钱开办了以这位慷慨的商人名字命名的亚默理工学院,并按照自己的设想去革除教育中存在的弊端,最后他取得了巨大的成功。亚默理工学院就是著名的伊利诺理工学院的前身。

正是大学教育中存在的这些弊端和问题促使冈索勒斯去思考,去寻找建立一种更加完善的大学教育制度的办法。面对同学们的嘲讽,冈索勒斯毫不放在心上，因为他始终相信自己会找到解决问题的办法，经过不懈的努力，最终他取得了成功。

在生活中，问题和办法总是一对孪生兄弟，有问题，才会激发我们去寻找解决问题的办法。可以说问题是我们学习、实践、进步的动力。然而当面对一些复杂的问题时，很多人会手足无措，不知如何是好。这个时候一定要冷静下来，仔细分析、研究，坚信问题总是有办法可以解决的。

曾经有人做过一个调查，世界500强企业名录中，每过10年，就会有1/3以上的企业从这个名录中消失，或低迷，或破产。总结这些企业衰落的原因，人们发现，春风得意之时也正是这些企业衰落的开始，因为正是在这个时候，企业一片生机，发现的问题最少。没有问题是一种可怕的现象，它容易使经营者看不到危机，对前景盲目乐观，最终失败在安逸的温柔之梦。

而人与人之间的贤愚差距并不只在于头脑，更体现在你内心有没有坚定的信念。有专家调查，一般情况下，人们只使用了自身全部能力的3%，而绞尽脑汁地思谋对策时，则会调动出平时未使用的97%的潜能。面对问题，如果一味的逃避、退缩，只会给你增加更大的麻烦，超越自我、主动解决才是唯一的出路。所以，在工作中遭遇挫折的阻力时，千万不要轻言退缩。

一个会解决问题的人，可以在纷繁复杂的环境中轻松自如地驾驭人生，凡事逢凶化吉，把不可能的事变为可能，最后达到自己的目的。

事实上，即使身陷问题深渊，只要你改变自己的思考方式，利用逆向思维，就会发现：将自己逼入绝境的困难和挫折，正是开掘无限潜能的绝佳机会。从问题中发现并把握住机遇，就能变不利局面为有利局面。在智慧和信心的较量中，问题总会甘拜下风。

> **经典语录：**
>
> 正是问题激发我们去学习，去实践，去观察。　　——鲍波尔
>
> 任何问题都有解决的办法，无法解决的事是没有的，如果你真的到了无法可想的地步，那也只能怨自己是笨蛋，是懒汉。
>
> ——爱迪生

## 克服拖拉的坏习惯

我相信大多数人都曾不止一次地告诉自己：还来得及，我明天再做它，我还有很多时间，实在不行，还有后天。然而往往问题就发生在这里，后来来了突如其来的事情，再没有时间做昨天安排的工作了，这样，很多事情不能按时完成。有句谚语说：为什么是明天，今天不行吗？（why put put for tomorrow, what you can do today?）

我可以打保票地说，每个人都知道拖拉不好，到工作没完成的那一天，回头想想，不是没有时间，而是自己拖拉了。那究竟是什么让人们，就像你自己，去拖拉呢？有很多原因能导致人们去拖延事情，例如对未知事物的恐惧，害怕改变，完美主义，害怕失败，混乱无序等等，但这些原因中恐怕最常见最简单的原因就是懒惰了。

伟大的诗人歌德曾经说过："我们拥有足够的时间，只是要善加利

用。如果我们一味地找借口为自己开脱，那我们就会被时间抛弃，就会成为时间和生活中的弱者，一旦这样，我们将永远是弱者。"

因此，拖延是成功的死敌，拖延是一个人走向成功的障碍之一。拖延使我们的许多美好的理想变成了幻想，拖延还会使我们丢失今天，而永远生活在"明天"的等待之中，拖延会使我们养成懒惰的恶习，成为一个永远只知抱怨而没有进取机会的落伍者和失败者。

小张是一个受过良好教育、才华横溢的年轻人，但他在公司里长期得不到提拔和重用。原来，他总是私下里抱怨，工作就是为老板赚钱，员工都是老板的剥削对象，所谓的敬业就是老板剥削员工的手段，忠诚是管理者愚弄下属的工具。正是怀着这样的想法，小张在工作中毫不积极主动，对于公司下达的工作任务总是推辞拖延，很难按时达到公司的要求，有的时候他甚至是在被迫和监督的情况下才能正常的工作。对待工作他始终是敷衍了事的态度。从来没有想过要证明自己的能力和价值。

小张以这样的心态来对待工作，实际上是对自己的一种不负责任。这样的人是永远不会得到上级的赏识和重用的。他的人生价值也根本不可能实现，他只能做一个只知抱怨的失败者。

对于任何一个优秀的员工来说，"立即执行，绝不拖延"就是他们的工作准则。只有那些拖延者，才会为自己的工作没有按时完成而编造各种各样的理由，欺骗管理者，以期达到蒙混过关的目的。其实，他们的这种行为，是在自己欺骗自己，最后把自己弄得进退两难，疲惫不堪。

"想做的事情，马上动手，不要拖延！"这是许多成功人士总结出来的"黄金经验"。成功者从不拖延，而且他们中的大多数人只是发挥了本身潜能的极少部分。因为他们对工作的态度是立即执行，所以把握住了成功。凡是留待明天处理的态度就是拖延和犹豫。这不但阻碍事业上的进步，也会加重生活的压力。

乔伊斯是某著名公司的部门主管，他曾经因为自己的工作而烦恼不已。原来，他每天的办公桌上都堆得满满的，处理不完的文件和事情一个接着一个，忙得他焦头烂额，精神接近崩溃。为了改变这种局面，他决定去请教一位成功的公司经理。

当乔伊斯来到那位经理的办公室时，经理正在打电话。乔伊斯的眼光不自觉地落到了经理的办公桌上，令他奇怪的是，经理的办公桌上干净整洁，只有几页纸在上面，根本就没有堆积如山的文件。听着经理有条不紊地给下属布置工作，不断地回答、解决下属提出的疑问，乔伊斯若有所思。

经理处理完手头上的事情，才把目光转向乔伊斯，并为刚才的冷淡而道歉。经理问乔伊斯有什么事，乔伊斯站起来说："本来我是想来您这里取经的，看看身为一个全球知名公司的部门经理，是如何应对如此大量而繁重的工作。但你刚才处理问题的一幕已给了我明确的答案：遇到经手的问题立即解决掉，不要拖延。否则，事情就会越积越多，而越来越多的文件会让自己找不出头绪，办事效率降低，更容易使自己疲惫。我在这之前，总是先把事情接下来，等会儿再说。这样就造成了问题的大量积压，最后使自己不堪重负。"

从此，乔伊斯对于遇到的工作和问题从不拖延，立即解决掉，最后终于成为了这家知名公司的经理人。

一个人要想在自己的事业生涯中取得成功，克服拖拉的习惯至关重要。不要把事务拖延到一起去集中处理，要立即行动起来，立刻去做手中的每一件事。不管做什么事都要集中全部精力去完成，全力以赴地去做。这样才会提高工作效率，出色地完成任务。

**经典语录：**

失去的土地总是可以复得的，而失去的时间将永不复返。

——罗斯福

凡百事之成也在敬之，其败也必在慢之。

——司马光

## 做事要善始善终

一件事在开始之后，是否能够有始有终，需要的是毅力和恒心，许多事往往在一开始时，凭得是一股子冲劲，后来随着时间的推移，渐渐就觉得厌烦了。

因此，我们在做事时有一个好的开头，固然非常重要，但同时我们也要明白，好的开头只是事情成功的一半。任何事的成功不仅需要"善始"，更需要"善终"，坚持到最后，才能得到一个完美的结局。

有三个好朋友，毕业后去了同一家公司求职，最后他们都被留了下

来，但上班第一天，经理就告诉他们，他们现在只是在试用期，并不是公司的正式职员。第一个月公司会对他们的工作状况进行考核，合格的在试用期结束后将会成为公司的正式员工。三个人都对经理保证自己会好好的干，会善始善终，努力把工作做好。

试用期三个人的工作是枯燥乏味的，并且他们的工作量很大，经常加班到很晚，但是三个年轻人都没有去抱怨，他们都期待着试用期过后，自己能正式成为公司的一员，然后可以做一些自己喜欢的工作，抱着对自己以后工作的向往，三个人干劲很足。

时间过的很快，试用期马上就要结束了，三个人相信凭着自己的良好表现，他们肯定都能通过公司的考核。最后那天下午，经理找到了三个年轻人，对他们说："非常抱歉，你们三个都没有通过公司的考核，按照我们事先的约定，你们不能再在公司待下去了，这是这个月的工资，你们收好，等上完今天的这个夜班，你们就可以走了，祝你们以后一切顺利。"听到经理的这些话后，三个人非常的惊讶，但事情已经这样了，也没有回旋的余地了。夜班时间很快就到了，三个人当中的一个，朝厂房走去，他不想因为自己的原因而影响整条流水线的工作。另外两个人心想既然没有通过公司的考核，并且工资也发了，索性没有去上夜班。

最后一晚像往常一样结束了，年轻人疲惫地走出厂房，令他吃惊的是，经理正站在厂房的门口冲他微笑。经理招手把他叫过去，对他说："经公司研究决定，你的试用期今晚正式结束，我们决定录用你为我们公司的正式职员，明天请到公司总部接受新职位的任命，恭喜你。其实，你们三个人都很优秀，表现得非常好，不过我们只选择最优秀的那一个，这个人就是你。"

因为一个夜班的差别,这个人最后的结果与他的那两个朋友迥然不同,因为他选择了坚持,选择了善始善终。

善始善终是成功人士必备的一种素质,更是一种美德,能善始善终的人必然具有强烈的责任心,必定能为社会做出自己的贡献。这样的人也必定会被上级所赏识,从而得到更多的晋升机会。

日常生活中,每个人都会有着对于自己未来形形色色的设想和计划,有毅力的人选择坚持,最后他们实现了自己的理想。没有坚定信念的人在遇到困难后,知难而退,选择了放弃,另外重新制定自己的计划,这样的人永远不会成功,因为他们的一生都在制定计划,而没有认真地去执行自己的计划。成功是属于那些行事能够善终的人的,没有顽强毅力的人只能成为成功人的陪衬。

老子曾说"慎终如始,则无败事"。这句话的意思是说,只要一个人对自己正确的选择有毅力,坚持不懈,像刚开始时的状态一样,始终对事情保持谨慎,那么他做任何事情就都会得到一个满意的答案。

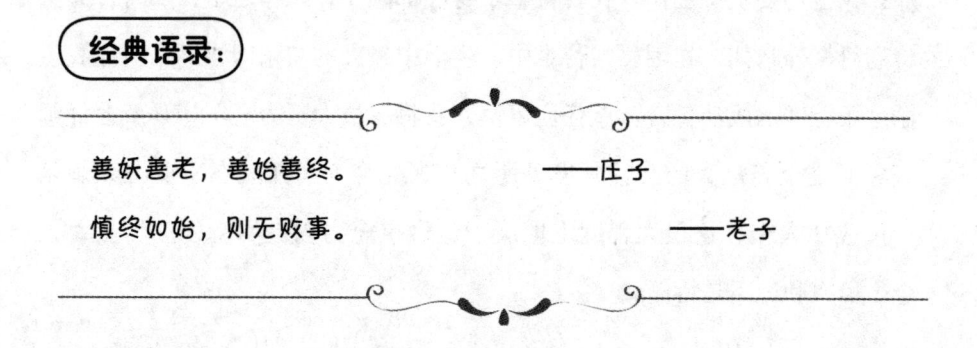

**经典语录:**

善妖善老,善始善终。　　　　——庄子

慎终如始,则无败事。　　　　——老子

## 要做，就全力以赴

在面对一项工作任务时，人们往往有三种想法：一是试着做做，遇到困难就停下；二是尽力而为，如果真有无法跨越的障碍，那就不能怨自己了；三是全力以赴，努力做到尽善尽美。显然，第一种想法不可取，第二种想法难以服众，因为你在刚一着手时，就为失败找到了很好的借口。至于第三种，当然是我们应该提倡的——做事全力以赴、追求尽善尽美，只有这样，你才有可能在众多的竞争者之中脱颖而出，取得不平凡的成就。

美国毕马威会计师事务所的董事长和首席执行官尤金·奥凯利在他的著作《世界上最伟大的推销员》中说："从此，我将以全部的精力投入工作——不仅要完成计划中的任务，而且还要多做一些。如果我遭受苦难，正像我经常会遇到的遭遇，如果我怀疑我的努力，正像我常常想的那样，那么我也仍要坚持工作。我要将整个身心都倾注在工作之中，那时，天空将变得格外晴朗，在困惑与苦难中，生活中最大的快乐即将到来。让我遵循这条特殊的成功誓言：做任何事情，我将尽最大努力。"毕马威会计师事务所是全美最大的会计师事务所之一，尤金·奥凯利在事业上无疑是一位成功人士，这很大程度上取决于他做事全力以赴的态度。当然，尤金·奥凯利绝不是特例。

美国国务卿科林·鲍威尔（2001—2005年在任）出身贫寒。他年轻的时候，为了养家糊口，曾经做过各种繁重的体力活。有一年，他在一家汽

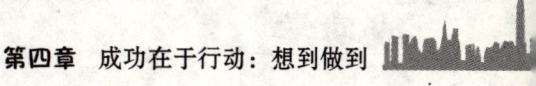

水厂打杂，工作主要是洗瓶子，有时也擦擦地板、搞搞卫生。一天，几个工人在搬货的过程中打碎了好几箱汽水，弄得车间地板满是玻璃碎片和黏黏的汽水。本来，他们应该打扫干净的，但是这几个人居然理也不理就下班了。这本来不关鲍威尔的事，可是他想，车间弄成这样，明天肯定会影响大家工作，何况自己也管清洁工作，看到这样的状况怎能不理呢。于是，鲍威尔开始打扫起来，他并没有应付了事，而是将地板擦得干干净净、一尘不染。鲍威尔的表现被他的主管看在眼里，没过几天，工厂就提升鲍威尔为装瓶部主管。从此，他牢牢记住了一条做事的准则："凡事全力以赴，总会有人注意到你。"后来，鲍威尔以突出的成绩考入军校，最终成为四星上将，荣膺美国参谋长联席会议主席、欧洲盟军总司令等要职。2000年12月，他又被布什总统提名为国务卿。

鲍威尔是美国历史上第一位黑人战区总指挥、第一位黑人四星上将、第一位黑人参谋长联席会议主席、第一位黑人国务卿。在从政的十几年中，他做事从来都是全力以赴，追求尽善尽美，这大概就是他取得成功的重要因素吧。

"全力以赴"与"敷衍了事"是天敌，所以一个人要想做到全力以赴，首先就要摒弃敷衍了事的恶习。请记住，没有哪个人的成功是一蹴而就的，谁对自己的工作倾注的心血越多，谁就能看到命运女神对他的微笑。如果你应付工作，工作就会应付你，你敷衍人生，人生也会敷衍你。当你习惯了应付与推卸责任后，你的一生也就毁掉了。

如果你不希望自己的人生是没有意义的人生，是被浪费的人生，那么请全力以赴地做好每一件事情，并谨记以下几点：第一，尽量一次只做一件事，因为事情太多可能会让你顾此失彼，难以理出头绪；第二，制订详

细的计划，尽量考虑各种可能遇到的问题，这样才能避免遇到困难时情绪消极、无法自拔；第三，要能够经受住考验，在遇到困难时积极寻找解决方案，咬紧牙关渡过最艰难的阶段，永远积极乐观地等待希望之火重燃的时刻。

**经典语录：**

人生好比橄榄球比赛，关键原则就是：奋力冲向底线。

——罗斯福

要有自信，然后全力以赴——假如具有这种观念，任何事情十之八九都能成功。

——威尔逊

## 勇于承担责任

每个人对待工作，都有不同的态度，对于一个项目来说，有的人只顾自己经手的那一块，而有的人总是把握全局，负责起整个项目。后者无疑更负责，也更容易获得老板重用。责任感是简单而无价的。据说美国前总统杜鲁门的桌子上摆着一个牌子，上面写着：Book of stop here!（问题到此为止）。这就是责任的最佳阐述。

在电视连续剧《士兵突击》中有这样一个情节：许三多失手杀了一名毒贩，但他内心里却无法接受一个活生生的生命死于自己手中的现实，在此后的数日里，他浑浑噩噩，如行尸走肉般，振作不起来。袁朗没办法，只得求救于许三多的老连长高诚。

高诚起先并没有说什么，只是把他带到了一片荒凉的草原，去见前后判若两人的成才。这时候，高诚有点恨铁不成钢地对许三多说："日子，就是问题叠着问题，逃避是解决不了问题的，逃避只会带来更多的问题。面对问题，我们唯一能做的就是迎接它、战胜它。"看见发生翻天覆地变化的成才，听了高诚的话，许三多终于从困惑已久的阴霾中走了出来，他终于明白毒贩的死是罪有应得，而抓捕毒贩是他应尽的责任。

责任也是生活的一部分。作为父母的孩子，我们有责任赡养父母；作为孩子的父母，我们有责任抚养孩子。那些不愿意承担责任，找各种理由或借口逃避或推卸责任的人，终究会被生活所抛弃。

任经理曾经是一家跨国集团的职业经理人，负责其中一个区的运作事宜，职位已经相当高了，然而，他总觉得自己的才能还没有得到充分发挥，为此，他很是苦恼。正巧通过朋友介绍，他认识了民营企业家方总，通过了解，他对方总的公司产生了极大兴趣。而方总也对任经理的能力赞赏有加，于是，就重金聘其为销售部经理。

然而，刚刚过了三个月，就发生了一件对公司影响很不好的事情：有客户投诉销售部的小龙贪污返利。结果，审计部一查，果然如此，而且，返利单上还有任经理的签字。其实，事情也不能全怪任经理，因为他刚来不久，不能做到所有事情都了然于胸，而且根据公司规定，小龙要先把返利单报到任经理助理那里，由助理审查之后，再由任经理签字。所以，这里面助理的责任也很大。

但是，任经理发现问题后，并没有把责任都推脱给助理，而是马上来到方总办公室，向方总汇报起整件事情："方总，这件事情是我的疏忽，我没有仔细审查返利单。如果再仔细一点，我想肯定不会发生这样的事情的，这件事应该由我来负全责。"任经理愧疚地看着方总。

在任经理来之前，方总正在为此事发火，还想等任经理来了之后好好训斥一番，结果听到任经理主动承认错误，并要求承担责任，他紧绷的神经松弛了下来："这件事情影响很坏，别的部门和销售代表都很有意见啊，这对你今后的工作很是不利啊。"

任经理诚恳地说："没有别的办法，我愿意为此承担全部责任，请方总按照公司规定来处理吧。"

看到任经理的诚意，方总不忍发火："处理你解决不了根本问题，最关键是避免类似的问题再次发生，对此，你有什么建议吗？"

任经理建议道："我认为返利还是由财务部来做吧，他们可以直接算出返利多少，然后在客户下一次进货时扣除这部分，这样就不通过销售人员，没有做假的可能了。"

方总赞许地说道："这倒是个好办法，我看就这样定下来吧，回头订个制度出来。还有别的什么问题吗？"

任经理这时想起助理的问题，于是说道："都还好。因为助理是咱们公司的老员工了，她对公司比我了解，对我帮助很大啊。现在我对公司的情况也基本了解了，像她这么好的员工，您看，是不是给她一些更好的机会呢？"

方总明白任经理的意思，他是在帮助理说好话求情呢，因此他对任经理又多了一份好感，于是说道："这是你们部门内部的事，你来安排吧。"

就这样，任经理不仅没有被方总处罚，而且还获得了方总更多的信任，同时，还得到了同事的感激，可谓一举多得。

在实际工作中，人们往往对于承认错误和担负责任怀有恐惧感，因为承认错误、担负责任往往会与接受惩罚相联系。所以，一旦出了问题，人们首先想到的就是逃避问题、推脱责任，如果出了问题就把责任往下推，有了功劳就往自己身上揽，却殊不知，工作更需要有责任心。这样的员工，其结果只能是得不到同事和老板的信任，最终连自己也会害了。

美国西点军校始终都坚持这样一种教学理念：没有责任感的军官不是合格的军官，没有责任感的员工不是优秀的员工，没有责任感的公民不是好公民。正是这样严格的要求让每一个从西点军校毕业的学员都终生受益匪浅。

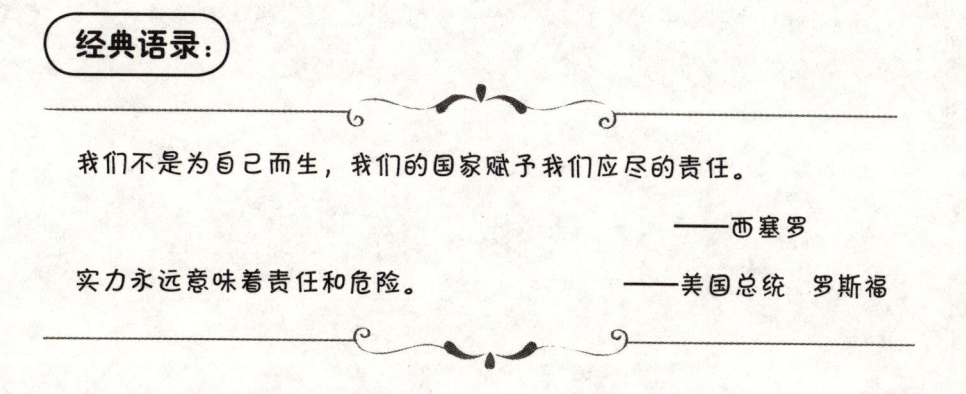

**经典语录：**

我们不是为自己而生，我们的国家赋予我们应尽的责任。

——西塞罗

实力永远意味着责任和危险。

——美国总统 罗斯福

# 第五章
## CHAPTER 5

# 一生的资本：获得成功与财富的个性因素

在当今高速发达的社会，每个企业、机构所需要的都是受过良好教育、品质忠实可靠、职业技能无可挑剔的员工。同样，每个职场人士都希望自己能有良好的发展前景以及施展才华的平台。那么，怎样才能成为企业信任的员工，从而获得展示自身才华的平台，最终走向成功、积累属于自己的财富呢？这就需要员工具备满足企业需求的各种可贵的素质，妄想仅凭一些"点子"、"技巧"就跻身于成功者的行列，这是不可能的。成功需要具备一定的素质，这些素质是你一生的资本，永远忠诚地帮助你获得成功与财富。

## 比薪水更宝贵的东西

当今社会是一个务实的社会，从某种程度上说，薪水的高低可以体现出一个人是否成功。因此，很多人在求职的过程中，最关注的通常是自己的薪水。他们总是问得很直接，"月薪是多少"，"加班费怎么算"，

## 第五章 一生的资本:获得成功与财富的个性因素

"工作多久会加薪"……这样的人往往忽略了一个最重要的问题:"我选择的这个工作,是否对我的成长有利,能不能令我升值?"而这,才是工作的真正意义,也是比薪水更加宝贵的东西。

美国著名出版家和作家、畅销书《致加西亚的信》的作者阿尔伯特·哈伯德曾说过:"工作的质量决定生活的质量。无论薪水高低,工作中尽心尽力、积极进取,能使自己得到内心的平安,这往往是事业成功者与失败者之间的不同之处。工作过分轻松随意的人,无论从事什么领域的工作都不可能获得真正的成功。将工作当作赚钱谋生的工具,这种想法本身就会让人蔑视","年轻人,我诚恳地告诫你们,当你们刚刚踏入社会时,不必过分考虑薪水的多少,而应该注意工作本身带给你们的报酬。譬如发展自己的技能,增加自己的社会经验,提升个人的人格魅力……与你在工作中获得的技能与经验相比,微薄的工资会显得那么的不重要。老板支付给你的是金钱,而你自己赋予自己的是可以令你终身受益的黄金"。

张玲是北方一所名校的高材生,毕业后在一家大公司的财务部任职。报到那天,人事经理告诉她,试用期是半年,薪水不高,通过试用期的话就能加薪,如果表现突出还可以提前转正。起初,张玲工作很认真,干劲也足。如果当天的工作完不成就加班加点,提前完成工作任务的话还会帮帮其他同事,因此大家都很喜欢这个小姑娘。

三四个月以后,张玲对部门的工作已经相当熟悉了,做起事来很老到,根本不像一个刚毕业的大学生,她也渐渐不再满足于目前的待遇。一个周末,她参加了大学同学组织的聚会。回来之后,心里更加不是滋味,因为同学们跟自己起点一样,薪水却都比自己高。她心里想,就算是在试用期,也不应该就给那么点钱,再说刚入职的时候就告诉我表现突出可以提前转正，到现在也没什么表示，难道我的表现还不够好吗？即使让我做财务主管，我也可以干得很好。

有了这样的想法，张玲工作起来就没了以前的热情。上司交给她的工作，她总是慢慢腾腾地做完，也不像以前那样认真细致。月末的时候，财务部赶制财务报表，上司要求每个人加班，张玲却以自己还未转正为借口拒绝了。她还总是以抱怨的语气对老员工说："不知道我什么时候能跟你们一样。"

到了第五个月月初，张玲看公司还没有给自己加薪的迹象，一气之下干脆辞职了。不久，她偶遇以前公司的同事，抱怨现在的工作很不顺利，公司也没有以前的好。那个同事遗憾地说："本来你工作认真，能力又强，第四个月的时候就可以转正了，但是你太没耐心了，突然懈怠了下来，又不愿意加班，你们主管看你这种表现，只好推一推转正的时间。"张玲听了这番话，懊恼之余，似乎也有所顿悟。

现代职场中，有太多的人为了薪水斤斤计较，张玲的经历绝不是特例。薪水当然不是不重要，只是你如果眼睛只盯着薪水，那么你就注定一辈子平庸。因为工作固然是为了生计，但如何在工作中充分发掘自己的潜能，发挥自己的才干，培养独当一面的能力，这些才是最值得你用心的，也是比薪水更值得关注的东西。须知升职、加薪，是建立在把自己的工作做得比别人更完美、更到位的基础上的，而只为薪水工作的人，往往忽略了这个重要的事实，从而使自己陷入被动的局面。假如工作仅仅是为了面包，那么生命也未免太廉价了。更何况，心里只想着面包，最后可能连面包屑也得不到了。

因此，你要坚定这样一种信念：你是在为自己工作，而不是为了薪水，如果能够兢兢业业、严于律己，身处何种职位都保持一种严谨而负责的工作态度，那么在为公司创造价值的同时，你也一定能够实现自己的人生价值。

**经典语录：**

人需要长远的目光，不能只短视地看到眼前的金钱报酬，这样你才可能获得巨大的成功。——陈安之

人生必须有目标，追求理想的人，要能避开"一切向钱看"的观念的侵袭，才算是走上了成功的第一步！——戴尔·卡耐基

## 重信守诺，成功之基

古人云："一诺千金。"重视信用、严守承诺是中华民族的传统美德，在当今的商业社会同样是每一个人的立身之本、成功之基。

史蒂芬·柯维博士在他的著作《高效能人士的七个习惯》中也写道："有勇气许下诺言，即使是小事一桩，也能激发自尊。因为这表示我们有自制力，并有足够的勇气与实力来承担更多责任。经由不断许诺与实践的诺言，终有一天荣誉感会凌驾于情绪性反应之上。所以，对自己信守诺言的力量，正是圆满人生不可缺少的基本条件之一。"

在职场上，评价一个人的道德水准，最重要的，就是看这个人是否守信。对上司、同事、顾客信守承诺，是一个人能否在职场上取得有利地位的关键。诚信是立业之本，是做人的准则，也是企业和人的第二张身份证。一个企业、一个部门甚至于一个人，如果谎话连篇，说话不算数，不守信义，他骗得了一次，还骗得了第二次？骗得了一个人，难道还能骗得了许多人？我们都听过《狼来了》的故事，从某种意义上说，吃他的并非是狼，而是他那不诚信的品质。

美国人乔伊·吉拉德被《吉尼斯世界纪录大全》誉为"全世界最伟大的销售商"，他创造了12年推销13000多辆汽车的最高纪录。乔伊·吉拉德曾提出著名的"250法则"，即："人的行为可能通过各种途径传播，而每位客户的背后，都大约站着250个人：同事、邻居、亲戚、朋友。一个推销员在年初的一个星期里有机会跟几十个客户谈生意，这本是一件好事，但是其中哪怕有一个客户对他的态度感到不愉快，到了年底，由于连锁反应，就可能有250个人不愿意和这个推销员打交道。以此类推，后果简直不可想象。"

"250"在中国不是一个讨人喜欢的数字，但"250法则"却堪称放之四海而皆准。试想，如果你因为违背承诺得罪了一个人，那么一段时间以后，就可能有几百人知道你不重承诺、言行不一，这将会在你成功的道路上制造多大的障碍！因此，可以毫不夸张地说，良好的职业信誉是你在职场上的通行证，而缺乏职业信誉的人必定是一个失败的人。

清朝末期，晋商地位很高，他们经营盐业、票号等，尤以票号最为出名。当时，山西平遥的日升昌票号以"汇通天下"著称于世。日升昌在全国很多地方都有分号，业务远至欧美、东南亚等国，生意越做越大，信誉

## 第五章 一生的资本:获得成功与财富的个性因素

也非常好。票号承诺:持有日升昌的银票,无论何时,在全国哪一个分号都可以兑现。

1900年,八国联军侵华,攻进了北京城,慈禧太后带着光绪皇帝逃到了西安。连皇帝都逃了,京城的名门大户更加骚动不安,他们携带着日升昌票号的银票逃往各地,纷纷在当地的分号要求兑取白银。当时,日升昌在北京的分号早已被洗劫一空,账簿根本不知去向,谁也没有办法逐一核实那些人有没有在票号存过银子、存了多少。因此,日升昌完全可以以战争为理由,向储户说明原因,等战乱结束,仔细核查后再行兑换。但是,日升昌宣布了一个惊人的决定:"只要储户持有银票,不论在哪家分号,均可以兑换白银。"这样做可以说是冒了巨大的风险,可是日升昌因为有言在先,不能不守承诺。同时日升昌也明白,风险与机遇同在,眼下虽然承担了一定的风险,但战乱一旦结束,那些储户势必会成为日升昌最忠实的客户,为了票号未来的发展,这个险值得冒。果然,战争结束后,上至富商贵族,下至普通百姓,在储蓄时都纷纷选择了日升昌,就连朝廷也放心地把大笔官银交给日升昌收存。

日升昌是中国的第一家票号,开中国民族银行业之先河,曾经"执中国金融之牛耳",在金融界活跃了近百年,一度操纵19世纪整个清王朝的经济命脉。它能取得这样的成就,绝非偶然和侥幸,这一点,从上面的事例就可以看出来。

孔子说:"人而无信,不知其可也。"诚信对于任何一个人来说都是不可或缺的品质。一个人想在社会上立足,首先要做到的一点就是取信于人。与不守信用的人打交道,就如同把自己放在了火山口,实在没有安全感,没有人会愿意这样做。所以,要想成功,请一定坚持实践自己的诺

言。当然，履行承诺并不像许下承诺那样轻松，很多时候要冒着巨大的风险。可是如果你有长远的眼光，哪怕遭受再大的风险也不让自己的诺言成为空头支票，那么你就一定会得到丰厚的回报。

**经典语录：**

任何人的信用，如果要把它断送了都不需要多长时间。就算你是一个极谨慎的人，即使偶尔放松，那么好的名誉，也会立刻毁损。

——戴尔·卡耐基

对人以诚信，人不欺我；对事以诚信，事无不成。

——冯玉祥

## 挫折是一笔财富

每个人的人生道路都不可能一帆风顺，总会遇到或大或小的挫折。卡耐基说："挫折是大自然的计划，它用挫折来考验人类，使他们能够获得充分的准备，以便进行他们的工作。挫折也是大自然对人类的严格锻造，它借此烧掉了人们心中的残渣，使人类这块'金属'因此而变得纯净，并可以经得起严格使用。"是的，对于弱者来说，挫折是绊脚石，对于强者来说，它却是垫脚石。如果人人都能够把挫折当成垫脚石，那他就一定会

## 第五章 一生的资本:获得成功与财富的个性因素

通过大自然的考验,经过严格的"锻造"后,成为闪闪发光的宝石。

因此,请相信,一时的挫折不代表失败,它甚至是你人生中一笔重要的财富,能够让你离成功更近一些,能使你的人生更加充实。就像拿破仑·希尔所说的那样:"这里,先让我们说明'失败'与'暂时挫折'之间的差别。且让我们看看,那种经常被视为'失败'的事是否在实际上只不过是'暂时性的挫折'而已。还有,这种暂时性的挫折实际上就是一种幸福,因为它会使我们振作起来,调整我们的努力方向,使我们向着不同的但更美好的方向前进。"

在美国,李·艾柯卡这个名字几乎家喻户晓,他曾是美国福特汽车公司和克莱斯勒汽车公司的总经理。这个耀眼的企业明星无论在哪里出现,马上就会被人群包围。然而,人们只看到他现在的风光,有谁知道,他的一生历尽坎坷,经历过无数挫折呢?

艾柯卡毕业于美国利哈伊大学,拥有工程技术和商业学双学位,后来又在普林斯顿大学获硕士学位。1949年,艾柯卡当上了福特汽车公司在宾夕法尼亚州一个小地区的分店的经理。有一个月,艾柯卡的分店与该地区其他分店的销售业绩想比,成绩最差,这令一向好强的他情绪非常低落。不过,他没有沮丧太久,很快想出了一个推销汽车的绝妙办法,广告口号是:"花56元钱买五六型福特车",也就是说,买一辆1956年型的福特汽车,可以先支付20%的贷款,其余部分每月付56美元,3年付清。

这个创意获得了极大的成功,也使他的职务上升为福特总公司车辆销售部主任。此时,他不仅一直想办法推销更多的车,在他的主持下,福特公司还研究、制造出了新的车型——"野马"。1965年,"野马"车的销售量打破了福特公司的纪录。就这样,凭着积极进取的精神,艾柯卡最终当上了福特公司的总经理。可是1978年,大概是感觉自己的地位受到了威胁,福特公司的大老板亨利·福特居然毫无理由地将他辞退了。

当了8年总经理,为福特公司服务30余年,居然落得这个下场。艾柯卡的心在滴血,但他却没有就此沉沦,"无论多么大的挫折,一旦降临了,除了做个深呼吸,咬紧牙关、奋发向上,实在别无选择",艾柯卡是这么说的。不久,他接受了一个新的挑战——出任濒临破产的克莱斯勒汽车公司的总经理。当时的克莱斯勒已经毫无生气,纪律松散、管理阶层各自为政、资金周转不灵,产品销路极差……

艾柯卡上任后不久就凭借自己的智慧和魄力,大刀阔斧地对公司进行了整顿和改革,并将大部分精力放在了研发新的车型上。终于,克莱斯勒成功研发了K型车,得以起死回生。1983年,克莱斯勒还清了所有债务。次年,艾柯卡宣布克莱斯勒公司这一年盈利24亿美元——打破了公司历年纪录的总和。

"树木结疤的地方,也是树杆最坚硬的地方",这是德国的一句谚语。对人而言,也一样。试想,如果当初艾柯卡在销售业绩最低时、被亨利·福特辞退时、克莱斯勒濒临破产时,因无法面对挫折而放弃进取,那他怎么会成就如此辉煌的人生、成为汽车业无法撼动的大树?

任何人在生活中都难免遭遇挫折,因此,如何面对挫折是每个人在人生道路上必修的一门课程。如果你能面对挫折,迎难而上,你就会更加成熟、坚强,最终看到成功的曙光。

## 第五章 一生的资本：获得成功与财富的个性因素

**经典语录：**

在实现目标的过程中，遭遇挫折并不可怕，可怕的是因挫折而产生的对自己能力的怀疑。　　　　　　　　　　——安东尼·罗宾

我们若已接受最坏的，就再没有什么损失。　　——戴尔·卡耐基

# 求人不如求己

生活中，有的人经常抱怨命运不公，总是觉得自己运气不好。这样的人，在遇到困难时也往往归咎于其他人，殊不知，上天给每个人的机会是均等的。有的人却主动寻找机会，找到机会后把握机会，有的人则一味等待机会，有了机会也不主动上前，这就是成功者与失败者的根本区别。

求人不如求己。要想获得成功，不要把希望总是寄托在别人身上或者客观条件上，寄托在一味的等待上，你最需要的是积极进取、行动起来，遇事从自身找原因，做一个能够自己拯救自己的人。

19世纪英国伟大的道德家、社会改革家塞缪尔·斯迈尔斯在他伟大的励志学著作《自己拯救自己》中曾写道："'自助者天助之'，这是一句放之四海而皆准的警世良言，是人类丰富经验的总结。自助精神是每个人成长成才的基石，而且正如历史上诸多例子一样，它构成了真正的民族精神和力量。依靠外界的帮助通常会削弱个人的意志，而一个人

发自内心的自助精神必定可以使其奋发向上。在某种程度上，无论别的个人或集体为个人提供什么样的帮助，这些帮助都只会消除个人的激情和自己动手的必要性。……我们应当在各国宣传一个更健康的学说，那就是：自己拯救自己。"

二战期间，犹太人斯坦尼斯洛和他的家人被纳粹党逮捕，送到了史上臭名昭著的奥斯维辛集中营。这里的经历是斯坦尼斯洛一生的噩梦，他亲眼目睹了家人的死亡。锥心之痛稍稍过去之后，他开始为自己的命运担忧，然后，做了一个其他囚犯想也不敢想的"决定"：逃走。接下来的几个星期，他遇到狱友就急切地询问："什么方法可以让我们逃出这个地狱？"答案是千篇一律的："别傻了，这怎么可能？没有人能逃出这个地方，我们还是期望多活一天是一天吧。"

然而，斯坦尼斯洛却并未因此泄气，他知道在这种情况下逃生的念头十分荒谬，但依旧不停地思索逃生之道。他想了一百种方法，也否定了自己一百次。这个过程中的痛苦是难以言说的，但是斯坦尼斯洛从未放弃思考。终于，他想到了第一百零一种方法：借助腐尸的臭味。这个办法是斯坦尼斯洛排除了一切貌似可行的办法后的结果。

当时，惨绝人寰的纳粹分子每天都要杀许许多多的人，他们每隔几天处理一次尸体。那时很多尸体已经腐烂，散发出难闻的臭气。那天，纳粹党正呵斥着囚犯往车上扔死尸时，斯坦尼斯洛趁着没人注意的时候迅速脱光所有的衣服，以迅雷不及掩耳之势趴在了那堆死尸之上，装成死人，静静地等待被搬上车。

尽管周围堆满了死尸，充斥着难闻的气味，死尸的血水还流到了自己身上，斯坦尼斯洛的心却随着卡车引擎的发动而充满了希望。不久，卡车停在一个大坑前面，车厢抬起，无数死尸和一个装死的人倾卸而下。斯坦尼斯洛始终一动不动，直到暮色降临，他才悄悄地攀上坑口，一口气狂奔了七十公里，最终得以活命。

奥斯维辛集中营是纳粹德国在二战期间修建的1000多座集中营中最大的一座，又被称为"死亡工厂"。斯坦尼斯洛能够从这里逃出去，靠的就是坚定不移的信念。他知道，在那样的情形下，没有人能帮助自己，要想活命，只有自己拯救自己。最终，他做到了，或许这正是"自助者天助之"的最佳注脚吧！

其实，"自助"应该成为我们每一个人的生活态度，一种积极乐观、百折不挠的态度，有了这样的态度，生活中的任何障碍都不能阻挡你前进的步伐。如果，你不喜欢现在的工作，那么换掉它；不喜欢目前的个性，那么改变它；不喜欢目前的体能，那么锻炼它。这些都没什么大不了，重要的是你要有这样的意识：寄希望于别人是无法改变让自己不满意的现状的，你能做的就是自己来做决定，自己拯救自己。

**经典语录：**

无论对别人的感激显得多么明智和多么美好，从事物本身的性质来讲，人们自己应当是自己最好的救星。————塞缪尔·斯迈尔斯

外来帮助只会使受助者走向衰弱，自强自立使自救者兴旺发达。

————塞缪尔·斯迈尔斯

## 天道酬勤

古人云：天道酬勤。意思是说上天偏爱那些勤奋的人，一分耕耘，一分收获，只有付出，才能得到回报。从古至今，中外名人，没有一个人不是这样认为的。

然而，真正能做到勤奋的人又有几个呢？尤其是在职场上，有些人只管上班不问贡献，工作时拈轻怕重，报酬上斤斤计较，遇到事情躲着走，少干一点是一点。这样的人或许得到了一时的安逸，但是绝无前途可言。就像著名成功学大师海默在他的著作《做不可替代的员工》中所说："没有老板会容忍自己的公司存在懒惰而不称职的员工，迟早都会解雇他。而勤奋工作的员工，虽然看上去是'自讨苦吃'，但'路遥知马力'，最终他们一定能成为公司不可替代的员工，享受到更为优厚的待遇。"

在日本寿险业，原一平是一个振聋发聩的名字，有着显赫的声誉。近百万的寿险从业人员中，可能有许多都不知道全国20家寿险公司总经理的姓名，但是却没有一个人不知道"推销之神"原一平的。那么，这个貌不惊人、学历不高的小个子是怎样走向成功的呢？

少年时代的原一平顽劣不堪、人缘很差，同时非常不爱学习，老师教育他的时候，甚至被他拿刀刺伤。父母对他也无可奈何，他就这样成了"闻名"乡里的小太保。23岁的时候，原一平猛然醒悟，认为自己的一生不能就这样度过。于是背井离乡，流落到东京，立志洗心革面，改变自己的人生。

他的第一份工作就是做推销员，但是还没来得及做就被骗子卷走了会费和保证金。以后的几年里，他一直在困境中挣扎。27岁那年，原一平获得了去日本著名的明治保险公司面试的机会。面试官见他相貌猥琐，心存鄙视，因此没有录用他。但是原一平不肯这样就放弃，硬是"赖"进了公司，做了一个"见习"业务员。不但没有底薪，还得同正式员工一样完成每个月的销售任务。

当时，原一平连办公桌都没有，还要被那些正式员工指使来指使去。由于没有收入，他穷得没钱坐公车、吃饱饭，只好走路上班，经常饿肚子。就是在这样的条件下，他在9个月的时间里，竟然做出了7.8万元的超额业绩，令公司上下都对他刮目相看。有了一定的成绩，原一平的情况好了一些，但他却并没有懈怠，而是更加勤奋地工作。为了结交更多的人，原一平要求自己每个月必须拜访450个以上客户、散发1000张以上名片。

36岁时，原一平终于成为日本保险业的销售冠军，拥有了亿万家产。他69岁时，应邀作公开演讲，在被问到成功的秘诀时，一言不发，而是脱掉鞋袜，请提问的人摸他的脚底板。那人上前一摸，大惊："您脚底的茧怎么这么厚？"原一平说："这就是我成功的秘诀！"

推销的路充满了孤寂与艰辛，遭到的白眼和冷遇远远超过其他行业，原一平凭借自己的勤奋和耐心走过了这条荆棘之路。他之所以取得了如此卓越的成就，最关键的原因就在于他能够充分利用时间，加倍勤奋地工作，并且在数十年的从业生涯中，始终如一。由此可见，成功只垂青那些孜孜以求的勤勉者。

在当今竞争日益激烈的职场中，如果你始终把工作当成对自己的惩

罚，每日都在抱怨、不满、拖拉和偷懒中度过，那么你不仅不能成功，甚至很可能连目前这份在你眼里埋没了你的才华，让你无法施展抱负的工作都难以保住。

请记住，你生活在机遇和挑战并存的竞争时代，要想脱颖而出、摆脱平庸，唯一的办法就是拥有积极乐观、奋发向上的心态，比别人付出更多的勤奋和努力。你要相信，勤奋是人体的电源，它能令你的生命焕发出夺目的光彩。

**经典语录：**

勤劳一日，可得一夜安眠；勤劳一生，可得幸福长眠。

——达·芬奇

我们每个人手里都有一把自学成才的钥匙，这就是：理想、勤奋、毅力、虚心和科学方法。

——华罗庚

## 忠诚是一种高贵的品质

在人类所有的美德中，忠诚无疑是其中最重要的一种。所有的宗教教义，都要求其信徒必须是忠诚的；所有的将军都要求他们的士兵必须是忠诚的；同样，所有的老板也都要求他们的员工必须是忠诚的。

# 第五章　一生的资本:获得成功与财富的个性因素

曾经有一个针对世界五百强企业的问卷调查,当问到"员工最应该具备的品质"时,大多数企业老总毫不犹豫地写下了"忠诚"二字,员工的忠诚对于一个企业的重要性不言而喻。

身在职场,每个人都想得到更好的前途,所以,当面对更高的薪水诱惑时,有些人毫不犹豫地选择了跳槽;当同行给予丰厚回报,而只求一份公司机密时,有些人迷失了。为了眼前的蝇头小利,他们付出了惨痛的代价。因此,对于任何公司来说,叛徒都将得不到重用。而被提拔重用的人,往往是那些对公司忠诚的人。

张力是一个家境贫寒、没钱上大学的人,经朋友推荐,他来到鞍山钢铁公司上班,负责干一些杂活。张力明白,能来鞍钢靠的是朋友的面子,虽然干的只是些琐碎的杂活,但自己一定要对得起朋友,对得起鞍钢。所以,张力干起活来十分勤快,也十分认真。

张力工作了不到一个月,就发现一些炼铁的矿石中还残留着没有被冶炼的铁,很显然,哪里的技术出了问题,所以才导致了炼铁的矿石没有得到完全充分的冶炼。张力心想:"如果照这样下去,公司岂不是会有很大损失?"于是,张力找到了负责这项工作的领导,向他叙述了自己的疑问,没想到,这位负责人说:"技术肯定没问题,如果技术出了问题,工程师一定会告诉我的,但是现在还没有一个工程师跟我说这个情况,这就说明没问题嘛!"张力不甘心,于是就去找负责技术的工程师陈某,说明来意后,陈某却说:"你一个负责杂活的普通员工懂什么啊?我们的技术是世界一流的,不可能出现这样的问题。你该不是想好好表现,所以才到鸡蛋里挑骨头吧?"陈某还装作一番苦口婆心的样子劝导张力要踏踏实实工作,不应该管这分外之事。

陈某的数落令张力有些失落，他有点灰心，开始怀疑是否自己真的不明白其中的缘由。于是，他开始查资料，希望找到证据来证明自己的疑问。功夫不负苦心人，张力终于找到了证据来证明那些矿石没有被充分冶炼。于是，张力拿着一包没有被冶炼好的矿石来到了总工程师的办公室，他说："总工程师，您看这些矿石，我认为它们还没有冶炼好呢，您觉得呢？"

总工程师看过之后，说："是啊，你说得对，这是哪里来的矿石啊？"

张力说："是我们公司的。"

总工程师有点不相信，问道："怎么会呢？我们的技术是世界一流的啊，怎么可能出现这样的问题？"

张力回答道："陈工程师也是这么说的，但是事实确实是这样的。"

总工程师耐不住了，有点生气地说："如果真如你所说，我一定报告总经理，严厉惩治渎职人员。"

于是，总工程师叫来了陈某一起来检查矿石，果然发现了一些冶炼不充分的矿石。仔细检查后，终于找到了原因，原来监测机器的一个零件出了问题。

事后，总工程师把这件事报告了鞍钢总经理。总经理决定破格提拔张力为人力资源部主管，并资助他学习相关知识。同时，总经理还惩罚了负责监测机器技术的陈某。

短短一个多月，张力从一个负责杂活的工人到人力资源部主管，不得不说是一个奇迹，但是他之所以获得提拔就是来自他对企业的忠诚，他的忠诚让领导者认为可以对他委以重任，于是，张力的飞升就不是什么奇迹了。

在这个竞争激烈的社会中，一些公司为了在竞争中获胜，不惜花费重金去挖同行的"墙角"，甚至许诺丰厚回报来收买竞争对手的核心人员，以获得对方的公司机密。如此大的诱惑，很难不让人动心，但是，这种诱惑是陷阱，是考验。那些在诱惑面前坚守忠诚的人是令人尊敬的，在获得别人尊重的同时，也必将受到领导的重用和提拔；而那些深陷诱惑之中的人，背叛了公司，也失去了自己的尊严，一个没有尊严的人，最终只会走向失败。

**经典语录：**

人生最可爱者惟其人之忠诚。　　　　　　　　——教洛基

始终不渝的忠实于自己和别人，就能具备有最大才华的最高贵的品质。　　　　　　　　——歌德

## 错了，就要勇于承认

古人云："人非圣贤，孰能无过。"每个人的一生都难免会犯错，无论能力多么强、知识多么丰富，任何人都不可能做到万无一失。虽然我们从幼年时期就接受着"勇于承认错误"的教育，但是在成年以后，许多人却做不到这一点了。因为爱面子是人类的天性，在他们看来，承认错误无疑是

有损自己面子的。同时，承认错误也意味着要承担责任，这更是他们不想要的。所以，许多人在犯了错误之后不愿主动去承认，甚至栽赃嫁祸给别人，只有当错误被别人无情地揭穿时，才后悔莫及。

卡耐基说："当我们对的时候，我们就要试着温和地、艺术地使对方同意我们的看法；而当我们错了——若是我们对自己诚实，这种情形十分普遍——就要迅速而热诚地承认。这种技巧不但能产生惊人的效果，而且，你信不信？在任何情形下，这样做都要比强词夺理的争辩有效得多。"

1976年10月，在美国总统福特参加的一次电视辩论会上，《纽约时报》的一个记者提出了关于波兰的问题，福特的回答中，有这样两句话，"波兰并未受苏联控制"、"苏联强权控制东欧的事实并不存在"。这种回答属于明显的常识性错误，全场的观众顿时议论纷纷。那个记者也立刻提出了质疑，不过他的语气比较温和，是给了福特改正的机会的。他说："真抱歉，我实在不该问这样的问题，但是我很想弄清楚这个问题，总统阁下刚才的回答是认为苏联不曾以强大的军事实力控制东欧，将其作为自己的附属国吗？"

福特当时如果明智的话，会顺着这个台阶说一些挽回局面的话，甚至也可以直接承认自己的错误，可是他作为总统，显然认为这样做是很没面子的事，于是坚持自己的看法。这件事在当时影响很大，福特的固执几乎令所有人不满，许多观众纷纷惊问："他是真正的傻瓜呢？还是只是像头驴子一样顽固不化？"福特的政敌也趁着这个机会大肆攻击他，第二年，他就被迫让出了总统的宝座。

与福特相比，同为美国总统的里根就显得明智多了。一次，里根出访巴西,由于旅途劳顿又上了年纪,里根居然在欢迎晚宴上有了"诸位,很高兴今天能来到玻利维亚"这样的口误,身边马上有人提醒他说错了话。他急忙改口:"对不起,我不久前刚刚访问了玻利维亚。"里根此前有没有访问玻利维亚?当然没有,但是既然他身为总统已经立刻承认了错误,那谁还会去寻根究底呢?

可以说,直到今天,在人类所有伟大的精神中,勇于认错仍然是人类最伟大的精神之一。这是一种勇于承担责任的表示,它只会让你获得更多的信任和尊重,人们通常也只愿意原谅那些勇于承认错误的人,相反如果你在犯了错的情况下强词夺理、巧言狡辩,在别人看来,无异于掩耳盗铃,只会受到人们的轻视和嘲笑。所以我们看到,里根得到了原谅,而福特受到了无情的嘲笑。

当然,承认错误更需要的是一种勇气。所以,试着做一个有勇气承认错误的人吧!只有这样,你才会吸取教训,才会在改正的过程中慢慢成长,才会变得更加出类拔萃。

**经典语录:**

一个不肯原谅别人的人,就是不给自己留余地,因为每一个人都有犯过错而需要别人原谅的时候。
——福莱

愚蠢的人都会尽力为自己的错误辩护。有的人却承认自己的错误,给人一种尊贵高尚的感觉。
——戴尔·卡耐基

## 专注使你力量无穷

成功是所有人都渴望的,所以成功者的秘诀总是人们喜欢谈及的话题之一。虽然每个人的看法不尽相同,但大家一致认可的是,成功者都具有一个共同的品质:专注。

关于专注,战国时期的荀子在《劝学》中也有一段精辟的论述:"骐骥一跃,不能十步;驽马十驾,功在不舍。锲而舍之,朽木不折;锲而不舍,金石可镂。"专注就是集中精神,专注就是全力以赴,专注就是坚持不懈,专注就是不达目的不罢休。

然而,在现在竞争如此激烈的社会中,专注就好比"文章本天成,妙手偶得之",可遇而不可求。面对各种各样的诱惑,很多人往往不能踏实下来专注的工作。他们有太多的爱好,太多的欲望,太多的想法,他们唯一缺的就是专注的精神。因为缺少专注的精神,他们必定不能全身心地投入工作;因为缺少专注的精神,他们必定会朝秦暮楚;因为缺少专注的精神,他们必将一事无成。正如卡耐基所说:"对大部分人来说,如果一入社会就善于利用自己的精力,不让它消耗在一些毫无意义的事情上,那么就有成功的希望。但是,很多人却偏偏喜欢东学一点,西学一下,尽管忙碌了一生却往往没有什么专长,结果,到头来什么事也没做成。"

与他们不同的是,成功人士大都会发现专注的重要性。爱迪生因为专注,所以才会有照亮黑暗的电灯泡;比尔盖茨因为专注,所以才造就了微软帝国;陈景润因为专注,所以才能攀登上数学的高峰。也正是因为具有

第五章 一生的资本:获得成功与财富的个性因素

专注的精神,福特才能缔造出汽车的神话。

1863年,福特出生于美国汽车城——底特律南郊一个普通人家。与很多小孩子一样,小福特从小也喜欢摆弄各种各样的小玩意儿,他尤其喜欢拆机械。他的母亲发现儿子有特殊爱好后,就常常陪他一起拆机械玩。就这样,在母亲的支持下,福特年仅7岁时就成为了小镇上知名的天才少年技师了。

福特12岁时,发生了一件对他影响深远的事情。在他母亲病逝后不久,福特坐马车第一次来到市里。一个由马拉着的发出巨大吼声的大家伙引起了他的好奇,他发现,这个家伙有四个铁制轮子,轮子上有如战车般的履带,在前轮上方有一个不断冒气的大锅,后面则拉着载有水槽和煤炭的拖车。福特被这个大家伙深深吸引,经过询问后方才知道这是蒸汽机车。福特对蒸汽机车表现出来的着迷被一个机械师看在眼里,于是,他向福特介绍起车子的性能和操纵方法,并邀请福特去他家练习驾驶蒸汽机车。在这个朋友的帮助下,福特很快学会了开蒸汽机车,而且他还暗下决心要造出一辆不用马拉的蒸汽机车。

福特怀着满腔的热情开始了他的求学之路。他先是在密歇根铁路车厢制造厂当见习生,然后又来到底特律造船厂工作。在这里,福特被幸运地分到了引擎车间工作,他开始狂热地爱上了这份工作。两年后,福特以熟练技师的资格来到了西屋引擎公司工作,在这里,他又学会了不少引擎的相关知识。

几年后,福特在父亲的要求下,回到了父亲的农场帮忙。但是对引擎痴迷的福特却在一块空地上盖起了自己的实验室,专注地研究起了引擎蒸汽机车。这期间,福特曾制造了一部蒸汽机车,但是这部车速度很慢,于

是他又埋头苦心专研。

又过了几年，福特和妻子一起来到了底特律的爱迪生公司，他在这里担任夜间值班工程师。没多久，他就被升为主任技师。他的工资已经很高了，工作也比较累，但是他依然没有忘记自己的梦想，一到下班后，他就来到一间堆放煤炭的车间里，专注于汽油引擎的研发。

1896年6月，福特终于造出了第一辆不用马拉的汽车。看到研制成功的汽车，福特急不可耐地想要到外面试车，然而房门却比汽车车体小得多，汽车根本出不去。于是，福特找来一把斧头，毫不犹豫地把门两侧的墙砸倒了。就这样，福特开着自己亲手制造的汽车，在大街上飞奔起来。

这个没有马拉的汽车很快就引起了世人的关注，同时也引起了很多投资商人的关注，福特的汽车很快就大规模生产起来了。

福特的成功很大一部分得益于他专注于汽车研究这个工作。

专注的力量是惊人的，集中精神忘我工作，工作起来不仅轻松、有效率，而且也更能做好工作。然而，事实证明，大多数的人都会犯一个相同的错误，那就是，做事情无法专心去做，精力不集中，这样的工作效率可想而知。

所以，在工作的时候，一定要始终保持一颗专注的心。不仅要让专注成为自己工作的习惯，而且还要把专注工作看成是自己的使命。一个真正专注工作的人，不会被烦事所困扰，不会被琐事所羁绊，坚信"付出就有回报"，坚信自己所从事的工作会有所成就，有这样的精神状态，那么成功就不再是梦想。

> **经典语录：**
>
> 力量的秘密在于专注。
>
> ——爱默生
>
> 专注的意志是不可思议的。如果你拥有梦想，即使遇到再大的障碍也决不放弃的话，那么生活中的困难便会消失，你也会得到你所期望的。这真的会发生，而且真的有用。
>
> ——雅尼

## 品德比什么都重要

在竞争激烈的现代社会中，企业越来越重视员工的品德，品德已经成为员工录用和考察的一项重要参考。

英国《泰晤士报》曾这样评价品德的力量："品德，让一个人的魄力得以展现，让一个人的道德影响得以产生。品德，是一个人征服他人的武器，是一个人崇高地位的基础。"

事实上，越来越多的企业都信奉这样一种用人理论：有德有才，破格重用；有德无才，培养使用；有才无德，限制录用；无才无德，坚决不用。

王明是一家公司的人事部经理。这一天，他早早地来到了公司。因为公司拓展了业务范围，需要招聘一批新员工，所以，王明决定亲自面试前来应聘的大学毕业生。面试进行了一半的时候，王明去厕所方便。当他走出办公室，突然发现走廊里长年亮着的灯被人关掉了，于是他就询问起来。这时候，一个穿戴干净利落的女孩站起来说道："我觉得走廊里光照很足，这么亮堂的走廊还开着灯，太浪费电了，于是就顺手关掉了。"

当时，王明就决定录用这个心细的女孩。因为，根据以往的人生经历，王明觉得这个女孩具有十分高尚的品德，而任何公司都需要这样的员工，因为做事首先就得会做人。

女孩之所以被王明录用，不是因为她有多高的学历，也不是因为她有多高的能力，而是因为女孩具有王明所看重的高尚品德。而无数事实证明，品德高的人往往比能力高的人更容易得到老板的信任和重视。

小吉是一家音像店的老板。他的小店生意十分红火，良好的信誉和品质让他交了不少朋友，也带来了可观的经济效益。但同大多数创业者一样，小吉的创业之路也不平坦。回顾这些年坎坷的经历，他感慨良多，但让他感触最深的一点就是：员工的品德比能力更重要。

音像店刚开业时，一位朋友来找小吉，介绍自己的表妹来店里打工。简单面谈一番后，小吉就同意了朋友的请求。经过一段时间的观察，小吉发现这个女孩有很多优点。在卖东西时，她非常热情，还时不时地询问顾客喜欢听什么样的音乐、看什么样的片子，然后向小吉提一些宝贵的建议。店里进了新货，她十分认真地看介绍，同时还上网查询相关信息和网友评论，然后再向顾客推荐。但是，小吉还发现了她有一个自己不能容忍的缺点，那就是她喜欢占小便宜。有时候，顾客不小心落下东西在店里，她总是藏起来，顾客回来找的时候，她不仅说没看见，似乎还觉得自己有理。有的时候，她甚至在小吉出去的时候偷拿店里的东西。这些行为让一些顾客很是不满,都不愿意再来光顾了。为了生意,小吉顾不得朋友的面子,只得把她辞退了。

取而代之的是一个农村来的女孩,这个女孩性格内向,不太爱说话,但是她为人厚道,做事也十分认真,从她的脸上总是可以看到阳光般的微笑。顾客对她赞不绝口,小吉对她也很满意。但是有了前车之鉴,小吉决定考察她一下。于是,小吉好几次都装作忘记锁柜台的样子,然而,只要女孩发现了,就会提醒小吉。小吉终于心里踏实了,他的小店也逐渐红火起来。

第一个女孩能力固然强,但是老板不敢重用她;第二个女孩能力虽然一般,但是却受到了老板的重用。究其原因,那是因为第二个女孩拥有第一个女孩所不具备的素质:高尚的品德。

美国著名作家艾伯特·哈伯德曾说过:"如果能捏得起来,一盎司忠诚相当于一磅智慧。"这句话的意思不言而喻,自然是说忠诚比智慧更加珍贵。对一个公司而言,能力低的员工可以培养其能力,使其逐步提高,最终完全融入到公司之中。然而,如果没有忠诚,即使能力再高,本事再大,也难以对公司做出多大贡献。所以,这些人想得到老板的重用几乎是不可能的。

> **经典语录:**
>
> 那最神圣恒久而又日新月异的,那最使我们感到惊奇和震撼的两件东西,是天上的星空和我们心中的道德律。
>
> ——康德

第六章
CHAPTER 6

# 习惯决定成败：高效能人士的七个习惯

美国心理学家威廉·詹姆士曾说过:"播下一个行动,收获一种习惯;播下一种习惯,收获一种性格;播下一种性格,收获一种命运。"这句话说明了习惯的重要性,它告诉人们,习惯可以决定一个人的命运。好的习惯会让人终身受益,而坏的习惯则让人深受其害。

成功者往往很注重培养良好的习惯,并以此支配自己的人生,所以到达了事业的巅峰。同理,很多人就是因为种种不良的习惯,终生未能与成功相遇。良好的习惯是开启成功之门的金钥匙。

## 积极主动:个人愿景的原则

在成功者看来,要想获得成功,使生命焕发出光彩,使自己的人生圆满,积极主动的精神是不可缺少的,而有这种精神的人,一定都会遵循"个人愿景的原则",即相信自己能通过积极主动的行为实现自己的愿望。

## 第六章 习惯决定成败：高效能人士的七个习惯

正如美国文学家及哲学家梭罗说的那样："人性本质是主动而非被动的，不仅能消极选择反应，更能主动创造有利环境。采取主动并不表示要强求、惹人烦或具侵略性，只是不逃避为自己开创前途的责任。最令人鼓舞的事实，莫过于人类确实能主动努力以提升生命价值。"

有一家公司的总裁才华横溢，处事精明干练，并且能敏锐地把握流行趋势，但是他在管理下属时十分独裁，总是对他们颐指气使，从来都不放实权。人人都只能奉命行事，就连职位仅次于他的主管也是如此。主管们对总裁的这种作风十分不满，一有空闲就聚在一起大发牢骚。例如一位主管说："说起来谁能相信啊，那天我处理完所有的事，他却突然跑过来指手画脚。短短几句话，就否定了我几个月的努力。我不知道该怎么做下去了，他还有多长时间退休？"另一位主管接口道："他才59岁，你觉得你还能再坚持6年吗？"当然，他们也会讨论一些对公司的建议以及商议怎样与这位总裁相处，其中不乏真知灼见。只可惜他们只是在嘴上说说，结果往往以上司太独裁为借口，不愿意主动出击，改变这种局面。

然而，有一位主管却没有屈服于这种环境。他对上司的缺点心知肚明，但却没有牢骚满腹，而是想办法弥补那些缺点带来的后果。比如上司颐指气使，凡事不容商量，他就刻意缓冲，想办法缓解属下的压力。同时，尽量配合上司的长处，把努力的重点放在自己能够着力的范围内。工作时，他总是设身处地，站在上司的角度考虑问题，尽量体会上司的用心，能多做就多做。

总裁对这位主管的表现很满意，曾多次在友人面前夸赞他。以后再开会时，其他主管依然只是奉命办事，只有那位积极主动的主管，会受到总裁的征询，提出一些建议。上司的这种态度在公司造成很大震撼，那些消极怠工的人又找到了新的攻击目标。他们不通过主动做事而改变自己的境遇，却对那位主管受到总裁的礼遇满怀嫉妒，纷纷猜测其中的原因，有人甚至说得很难听，幸好那位主管对各种批评毫不在意。时间久了，他越来越得总裁信任，在同事间的影响更大。到最后，公司的任何重大决策，总裁一定会征询或参考他的意见，对他很是看重。显然，这位主管没有依靠客观的条件而取得成功，是积极主动的精神成就了他。起初，很多人跟他的处境一样，但这些人态度消极、行事被动，自然难有成就。

有人误认为"积极主动"是"强出头"、"独裁"等的象征，其实不然。积极主动的人只是比较理智，能够对客观环境做出正确判断，并迅速行动起来，去解决问题。同时，积极主动又较积极思考高了一筹，因为积极思考只停留在思考阶段，而积极主动不仅经过思考，还有实实在在的行动。

与积极主动的人相比，消极被动的人更易被客观环境所左右。比如，如果天气晴朗，他们的心情就会比较愉悦，反之就会无精打采；如果受到礼遇，他们就会兴奋起来，反之则会逃避退缩。积极主动的人就不会这样，不论天气好坏、别人的态度怎样，都不会对他们产生太大的影响，因为他们明白，让天气情况以及别人的态度来决定自己的心情实在是荒谬绝伦。他们要将自己的原则、价值观，作为行为的原动力，在面对外界的物质、精神等刺激时，由自己来决定如何回应，这样的人怎么会始终平庸呢？

因此，如果你希望摆脱平庸、实现自己的人生价值，那么请培养积极主动的习惯，并以此为后盾，去积极做好每一件事吧！

> **经典语录：**
>
> 若非拱手让人，任何人都无法剥夺我们的自尊。　　——甘地
>
> 除非你同意，否则任何人都不能伤害你。　　——小罗斯福总统夫人

## 以终为始：自我领导的原则

人的一生，岔路很多，稍不谨慎就会走了冤枉路。许多人一生忙忙碌碌，拼命苦干，到头来却发现通往成功的阶梯搭错了墙。因此，忙碌的人们也许很努力，却不见得忙得有价值。为了避免这种令人遗憾的事情出现，人们最好能够做到"以终为始"，遵循"自我领导"的原则。

"以终为始"是指做任何事之前，都必须以人生的最终愿景为参考依据。如果人们开始做一件事情时，没有考虑做这件事的价值是不是符合自己对人生的最终期许，那么做到最后，很可能会发现自己得到的并不是最初渴望的，一切就都失去了意义。

前美国最高法院大法官霍姆斯说："太多人成功之后，反而感到空虚；得到名利之后，却发现牺牲了更可贵的事物。……因此，我们务必掌握真正重要的愿景，然后勇往直前坚持到底，使生活充满意义。"这就是"以终为始"的最佳注解。

需要强调的是，"以终为始"是以自我领导的原则为基础的，在这日新

月异的时代里，人们需要方针，需要引导。而任何人都难以预料事情的发展方向，于是，"自我领导"，即依靠自己的判断行事就显得更加重要。认识"以终为始"的重要性，培养自我领导的习惯，相信你一定能脱颖而出。

在未曾入住过一家连锁旅馆之前，科威先生对这家旅馆的良好口碑和日益增长的营业额是持有怀疑态度的，直到亲自住了进去，感受到那里的服务，他才打消了一切怀疑。以下是他的自述：

这家连锁旅馆的服务态度，实在令我难以忘怀。那绝不是表面功夫，而是全体员工自动自发的行为，我想我应该为以前的质疑向他们道歉。当时我要去这家旅馆主持一项研讨会，进去时，由于时间已经很晚，用餐时间已经过了。但是侍应却主动表示可以去跟厨房要求一下，在我等待的时间，其他侍应还殷勤地询问："还有没有需要我效劳的地方？要不您先去看一看会议厅？"

第二天，研讨会开始之前，我才发现所带的色笔不够。心急之下，随便拦住了一个侍应，说明困难。侍应看了一眼我的名片，马上说："科威先生，这件事交给我。"他不仅没有推辞，说"我去哪儿给你找"，"你应该去找前台"之类的话，而是一口答应下来，表现出因为能够为我服务而深感荣幸的样子。

此后，我又亲身体验并观察到了旅馆不少的员工为客人热情服务的事例，并绝对肯定，大多数时候，他们在提供服务时，主管并未在旁边监督他们的工作。这令我好奇，于是我去请教旅馆的经理秘诀在哪里。经理先拿出一份文件，上面写的是总公司为这家旅馆制定的经营目标，然后又拿出了一份宣言，说："这是我们根据总公司的要求制定的规章制度。"

"具体是谁订立的呢？"

## 第六章 习惯决定成败：高效能人士的七个习惯

"全体员工。"

"包括清洁工、女侍、文书职员？"

"是的。"

这两份文件代表了整个旅馆的中心思想。全体员工共同制定规章制度无疑是一种创举，而正是因为制度是自己制定的，所以尽管做事时主管不在身边，每个员工也都能坚决遵守制度。他们不需要有人在身边领导自己，因为他们每个人都是自己的领导，都能做到"自我领导"。难怪这家旅馆屡创佳绩，不仅在客人中，即使在同行里也口碑甚佳。

每个人在人生中都扮演着各种各样的角色，比如子女、丈夫、妻子、朋友、亲戚、主管、下属，每个角色也都承担着不同的责任。因此，在成就自己人生价值的过程中，怎样做到面面俱到、兼顾全局就成了对你最大的考验。然而无论困难有多大，请记得，只有心中秉持恒久不变的真理的人，才能在动荡的环境中屹立不倒。

如果你能做到"以终为始"，确立了个人的使命，同时在完成这个使命的过程中坚持自我领导的原则，你就不会被困难打倒。因为，以使命和原则为生活重心的人，见解定然不同凡响，思想行为也自成一格。他们拥有坚实的内在，坚定的人生方向以及超出旁人的智慧和力量，这些都决定了他们会有充满意义的一生。

**经典语录：**

每个人都有特殊的职责或使命，他人无法越俎代庖。生命只有一次，

> 所以实现人生目标的机会也仅止于一次……追根究底，其实不是你询问生命的意义何在，而是生命正提出质疑，要求你回答存在的意义为何。换言之，人必须对自己的生命负责。
>
> ——弗兰克

## 要事第一：自我管理的原则

19世纪末20世纪初，意大利著名经济学家、社会学家帕累托曾指出，在意大利，80%的财富为20%的人所占有，这是经济发展的普遍趋势。后来，人们渐渐发现，不仅仅是财富，生活中的许多事情都在沿着这个轨道发展。比如，管理学家认为，一家公司的利润通常来自于20%的重要项目或客户；心理学家认为，80%的智慧集中在20%的人身上。这项发现逐渐演变为如今被管理学界熟知的"80/20原理"，即事物80%的价值来自于20%的因子，其余20%的价值则来自于80%的因子。

"80/20原理"对人们的一个重要启示就是：不要把时间花在琐碎的小事上面，因为就算你花了80%的时间，那也只能取得20%的效果；而如果你将精力放在重要的少数事情上，那么即使只花20%的时间，也可取得80%的效果。对于这一伟大的发现，我们用四个字概括就是：要事第一。所谓千金难买寸光阴，人们在生活中，却往往为了许多无关紧要的小事花费大量的时间，为了避免这样的事一再发生，我们一定要学会有效地管理自己的时间。

史蒂芬·柯维说："有效管理是掌握重点式的管理，它把最重要的事放在第一位。由领导决定什么是重点后,再靠自制力来掌握重点,时刻把它们放在第一位,以免被感觉、情绪或冲动所左右。要集中精力于当急的要务,就得排除次要事务的牵绊,此时要有说'不'的勇气。"做时间的主人而非奴隶,这是取得成功的必要条件!

据说,有一次在课堂上,苏格拉底拿了一个空瓶子,然后从桌子底下拿出一袋鹅卵石,全部放进了瓶子,放完之后,他问学生:"你们说瓶子是不是满的?"学生们异口同声地答道:"是的。"苏格拉底又从桌子下面拿出了一袋碎石子,从瓶口倒下去,摇一摇,就再加一些,然后又问:"现在瓶子满了吗?"这下学生们不敢马上回答,过了一会儿,一个学生小声说:"也许没满。"苏格拉底不说话,又从桌子下面拿出一袋沙子,慢慢倒进瓶子里。然后,再问他的学生:"现在有谁能告诉我,这瓶子是满的还是没满?""没满。"这下大家都变"聪明"了。

苏格拉底会心一笑,从桌子下面拿出一大瓶水,全部倒进了看起来已被鹅卵石、碎石、沙子充满的瓶子,之后站起身,大声说:"各位同学,我想知道你们从这个实验中得到了什么启示?"一个学生抢先答道:"无论我们的时间多么紧,只要十分想做一件事,就能挤出时间。"苏格拉底点头,笑道:"你说得不错,但是我更想告诉你们的是,如果你不先把大块的鹅卵石放进瓶子里,那你以后很可能就再也没机会把它们放进去了。"

在这个实验中,鹅卵石代表最重要的事,碎石次之,沙子再次之,水又次之,可以肯定,苏格拉底是想告诉人们,应合理分配时间。如果你在工作之初,就制订了计划表,分清楚了轻重缓急,然后按照重要顺序一一去做,很可能会轻松自如地完成,而假如你从一开始就将精力放在并不十分重要的小事上，那么到最后，你很可能根本没有时间和机会去做那最重要的事了。

美国伯利恒钢铁公司的总裁查理斯·舒瓦普曾向效率专家艾维·利请教，怎样才能更好地执行计划。艾维宣称：我在10分钟内给你一种方案，这种方案能令伯利恒钢铁公司的业绩迅速提高50%。舒瓦普表示怀疑。

艾维·利递给舒瓦普一张白纸，说："请在这张纸上写下你明天要做的6件最重要的事。"舒瓦普想了想，用5分钟写下了6件事。

"现在用数字顺次标出每件事对于你和你的公司的重要性大小。"艾维·利接着说，舒瓦普又很快完成了对每件事的标注。

艾维·利看了看，说："好了，把这张纸放进口袋，明天早上第一件事是把它拿出来，做第一项最重要的，直到把它做完。然后再接着做第二件、第三件……直到你下班为止。如果只做完第一项，那么也没关系，因为你总是在做最重要的事情。每天坚持这样，让公司其他的人也都这样做。1个月后，你就看到成绩了。"

1个月后，舒瓦普写信给艾维·利，感谢他给自己上了一生中最有价值的一课。5年之后，这个当年名不见经转的小钢铁厂一跃成为世界上最大的独立钢铁厂之一。

在我们周围或我们自己，都想努力地把所有的事情都做好，这种想法是好的，但同时也意味着，想做好每一件事，就不可能把最重要的事做好。

在处理日常事务的时候，按照工作的重要性将其排队，将最重要的事情放在第一位。这样，工作中重要的事才不会被无限期地拖延；这样，工作对于你而言就不会是一场永无止境、永远也赢不了的赛跑，而是可以带来丰厚收益的活动。

每个人都有权利安排自己的事，都可成为时间的主人，成为最终的赢家。但是如果我们为一些小事而付出了很多的时间和精力，那么只能说我们是在抓了芝麻而漏了西瓜，做着得不偿失的事情。

"要事第一"，这个原则提出了与时间的密切关系，因为时间是不会回头的，时光是无法倒流的，任何一个人，想体现生命的价值和意义，都无法脱离时间的束缚。我们提倡先做重要的事，就是因为时间是有限的、浪费不起的。在这种情况下，谁能把精力用在最见成效的地方，把"好钢"用在"刀刃"上，谁就是最大的赢家。

**经典语录：**

重要之事决不可受芝麻绿豆小事的牵绊。　　——歌德

强烈的进取心可使人勉为其难，排除不急之务的牵绊。

——葛雷

## 双赢思维：人际领导的原则

何谓"双赢"？简言之就是"利人利己"，损人利己，不但算不上单

赢，而且还是一种不道德的行为。只有"利人利己"能让自己和他人共同进步、共同取得成功，因此它被称之为"双赢"。

史蒂芬·柯维在他的著作《实践七个习惯》中分析道："双赢思维是一种基于互敬、寻求互惠互利的思考和心智的框架，目的是获得更丰盛的机会、财富及资源，而不是基于资源不足的敌对式竞争。双赢既非损人利己（我赢你输），亦非损己利人（我输你赢）。我们的工作伙伴及家庭成员要从相互依存的角度来思考解决方案。双赢思维鼓励我们解决问题，并协助个人找到互惠互利的解决办法，是资讯、力量、认可及报酬的分享。……利人利己者把生活看作是一个合作的舞台，而不是一个角斗场。一般人看事多用二分法：非强即弱，非胜即败。其实世界之大，人人都有足够的立足空间，他人之得不必就视为自己之失。"这番话可以说将"双赢"思维分析得极为透彻。

有一个果农，无意中得到了一种高质量的种子，结出来的果实皮薄、肉厚、甘甜而又不招害虫，在收获的季节，他的果子引来不少果商购买，这使他狠狠赚了一笔。同乡们羡慕他的成功，于是纷纷去"取经"，也想靠种果树发家，希望果农能告诉他们种子的来源，带领大家一起致富。果农想了想没答应，他的想法是，种子是我从最隐秘的地方买来的，告诉了大家我靠什么赚钱，还是独享比较好。他的同乡没办法，只好去买其他的种子种果树。那个果农起初的几年凭借自己的新果子着实发了财。可是过了几年，等他的同乡们的果树长成、收获时，他的果子质量却大大下降了，再也没人买了。他百思不得其解，大降价处理完果子后，就去省城请教专家。专家告诉他，你的同乡们种的都是旧品种，只有你的是新品种，果树开花时，蜜蜂、蝴蝶通过风传递花粉，把旧品种的花粉带到了你的果树上，所以你的果子质量就下降了。"那有什么解决的办法吗？""事情很简单，告诉大家你的种子的来源，让大家都种。"果农也想通了，于是照做。再到收获的季节时，果农和他的同乡们都获得了大丰收，果子也卖了个好价钱，大家都高兴不已。

在这个故事里，果农起初只考虑自己的利益，不肯给乡亲们提供新品种的来源，却没想到只是享受了短暂的几年，就面临了几乎是灾难性的后果。这说明，一个人如果一味地自私自利也许暂时会得到一些好处，但从长远的角度来看是得不偿失的。

华人首富李嘉诚曾不止一次地教育自己的儿子："做人要留有余地，不要把事情做绝，有钱大家一起赚……"所谓"有钱大家一起赚"，就体现了"双赢"的思维。人是具有社会性的动物，在如今越来越强调合作、强调人际关系的重要性的社会，每个人的成功都需要他人的辅助，绝不可能完完全全只靠自己。

所以在处理人际关系时，应本着互惠互利的原则，照顾到方方面面，尽量使每个与自己共事的人都能得到好处，取得"双赢"的结果，这样你才能对别人产生影响，才可能成为众望所归。

**经典语录：**

勇气和体谅之心是双赢思维不可或缺的因素。两者的平衡才是真正成熟的标志，有了这种平衡，我们就能设身处地为对方着想，同时又能勇敢地维护自己的立场。
——史蒂芬·柯维

双赢思维潜入脑海，我们开阔的眼界将寻求更众多的结合点；双赢思维深入心田，我们宽广的胸怀将成就更宏伟的事业。

——佚名

## 知彼解己：移情沟通的原则

在竞争日益激烈的职场，不论是普通员工还是管理者，几乎每时每刻都要面临着沟通的问题，与上司、同事、客户的沟通几乎占据了我们大部分的时间，而沟通技巧的高低则往往决定了一个人职业生涯最终能达到的境界。

中国国电集团华北公司副总经理李思仪曾直言沟通的重要性，他说："当我开始学会沟通技巧的时候，也是我事业正式起飞的时刻。现在我每天平均花掉约70%的时间和我的伙伴、员工们沟通……总之，我每天都重复不断地做的唯一大事，那就是'沟通'。"

由此可见，只有充分了解和认可沟通的重要性，掌握与人沟通的技巧和能力，才能赢得别人的喜爱、信任与合作，从而获得成功。由于家庭背景、学历程度、兴趣爱好等方面的差异，我们遇到的人通常形形色色，倘若你能了解对方是哪种类型的人，接下来相机而行、对症下药，对解决问题往往有事半功倍的效果。

蓝丝是某跨国公司人力资源部经理助理，她的顶头上司，也就是人力

## 第六章 习惯决定成败：高效能人士的七个习惯

资源部经理也是一位年轻的女性。不知道是不是同性相斥的缘故，蓝丝总觉得上司对自己有敌意，过于苛刻，以至于她在面对上司时，甚至有抵触的心理。但是蓝丝在大学时主修过心理学，许多心理学著作都提到过一点："人们喜欢那些喜欢自己的人。"也就是说，她一定要做出喜欢上司的样子，这样才可能得到上司的认可，那么怎样做才能使上司明白自己"喜欢"她呢？这就需要一些技巧了。

蓝丝想到这里，便努力通过各种途径去了解上司的方方面面，然后根据自己的心理学知识，采取了一系列方法，使自己传达出了"喜欢"上司的信息。首先，她会在恰当的时候用满是敬服的眼光肯定上司的判断，跟上司对话时，从不忽略细节；其次，蓝丝有意模仿上司的衣着，当然只是模仿绝非抄袭，并且从不会比上司张扬；再次，在待人处事时，蓝丝尽可能跟上司保持一致，即使有不同意见，只要不涉及原则性的问题，她就会保留意见；第四，像关心朋友一样关心上司，但从不像朋友一样打听她的私生活；第五，经常虚心地向上司请教，态度诚恳、对答得体。

蓝丝的上司的确是一个非常优秀的人，时尚、聪明并且非常有人格魅力，这是蓝丝长期观察的结果，由此，她渐渐对上司从表面上的喜欢变成了发自内心的喜欢，而对方也慢慢接纳了她。后来，事态的发展更使蓝丝为自己没有弄错方向而欣喜——上司升职前，向公司推荐她接替自己，两人的职场友谊也一直持续到现在。

人们在谈到"沟通"一词时，往往首先想到的是"说话"这种沟通方式。的确，说话是一种很重要的沟通方式，但并不是唯一的。在与人沟通的过程中，肢体语言同样重要。推而广之，用行动与对方沟通，也是一种重要的方法。

无论通过何种沟通方式，只要能传达出自己想要传达的信息并让对方了解，这就是有效的沟通，而要想做到这一点，也必须对对方有一定程度的了解。在上文的例子中，蓝丝就是在了解上司的处事风格等基础上，不断地用一系列的行动来传达自己"喜欢"她的信息，最终获得了上司的认可，可以说，这是一个非常成功的关于沟通的案例。

史蒂芬·柯维说："若要用一句话归纳我在人际关系方面学到的一个最重要的原则，那就是：知彼解己——首先寻求去了解对方，然后再争取让对方了解自己。这一原则是进行有效人际交流的关键。当我们舍弃回答心，改以了解心去聆听别人，便能开启真正的沟通，增进彼此关系……对方获得了解后，会觉得受到尊重和认可，进而卸下心防，坦然而谈，双方对彼此的了解也就更流畅自然。知彼需要仁慈心，解己需要勇气，能平衡两者，则可大幅提升沟通的效率。"

事实证明，每一个想取得成功的人，仅仅有出色的工作能力是不够的，人际关系在很多时候都起着非常重要的作用。如果你既能做好本职工作，又能做到与各种类型的人进行有效的沟通，那么便可以少走弯路，提前成功。

**经典语录：**

企业管理过去是沟通，现在是沟通，未来还是沟通。

——松下幸之助

有效的沟通取决于沟通者对议题的充分掌握，而非措辞的甜美。

——安迪·葛洛夫

## 统合综效：创造性合作的原则

当今世界，是一个合作与竞争并存的激烈时代。尤其是竞争，可谓无处不存，无时不在。如果说竞争是一艘可以载着人们通向成功彼岸的轮船，那么合作无疑就是一条滔滔不绝的江水——没有合作，竞争只能是一个空洞而又毫无意义的词汇。

正所谓"独木不成林"，一个人无论力量有多么强大、智慧有多么出众，能力也毕竟是有限的，很难撑起一片天。有人曾经问比尔·盖茨成功的秘诀，他答道："因为有无数的成功人士在为我工作。"可以这样说，如果没有一大批杰出的人士精诚合作，盖茨的微软王国是不可能建立起来的。

史蒂芬·柯维说："统合综效谈的是创造第三种选择——既非按照我的方式，亦非遵循你的方式，而是按照第三种远胜于你我一孔之见的办法。它是互相尊重的成果——不但是理解彼此的差异，甚至是称许彼此的差异，欣赏对方解决问题以及把握机遇的手法。个人力量是团队和家庭统合综效得以实现的基础，统合综效能使整体获得一加一大于二的成效。这样的人际关系和团队会扬弃敌对的态度，不以妥协为目标，也不仅止于合作，他们要的是创造性的合作。"

是的，这是一个呼唤合作的时代，任何天马行空、独来独往的人在这样高度协约化、组织化的时代都将寸步难行。正因为时代呼唤合作，所以每一个渴望出人头地的人都应具备合作精神，致力于培养一种统合综效——创造性合作的习惯。

李嘉诚纵横商海多年，有着独特的、自成系统的经营理念，在这种理念中，"合作"是他非常看重的一种精神。他经常说的一句话就是："大家的目的都是赚钱，如果能够一起赚，为什么要拼个你死我活呢？"

1987年11月27日，香港官地拍卖场上，买家对九龙湾工业用地的争夺战到了白热化的阶段。此次香港政府拍卖的官地位于九龙湾，面积约24.3万平方英尺，底价2亿港元，每口竞价500万港元。多年不曾公开露面的长江实业集团董事长李嘉诚也出现在灯火辉煌的拍卖场上，并且在有人叫出2亿500万的价格后，马上叫出2亿1000万的价格。然而，很快又有人叫价2亿1500万！李嘉诚对这个声音很熟悉，知道它的主人是合和实业集团的老板胡应湘。胡应湘毕业于美国著名的普林斯顿大学土木工程系，李嘉诚初涉地产业时，曾多次就一些问题向他请教，对他并不陌生。两人对看一眼，纷纷以微笑回应对方。就在这个时候，地价已经抬升到2亿6000万。李嘉诚一急，连跳8口，喊出了3亿的高价，胡应湘则连跳11口，叫价3亿5500万。

此时，原本嘈杂的拍卖场一片寂静，满座皆惊。这种寂静没有维持多久，很快，郑裕彤等地产大亨也纷纷参加竞拍，将拍卖会的气氛推向了高潮。李嘉诚略一思索，派副手到了胡应湘的副手身边耳语一番。之后，胡应湘放弃竞拍，不再叫价。这时，有人将价钱飙到了4亿，已是底价的两倍。在短暂的沉默中，李嘉诚终于喊出了4亿9500万的天价。拍卖师发问，再也无人应答，李嘉诚竞拍成功，他当场宣布："这块地皮是我与胡应湘先生联合竞拍下来的，将用以建造国际性商业展览馆。"

在这次竞拍中，李嘉诚及时提出同胡应湘合作、与其共同开发这块官地是他竞拍成功的关键。在他的观念里，商场的竞争绝对是不可避免的，但是人们如果在竞争中迷失，忘记了参与竞争的初衷，只是为了竞争而竞争，那么无论对自己还是竞争对手来说都是非常不利的，双方很可能因此结怨，日后的发展都受到限制，所以，精明的商人懂得处理好竞争与合作的关系，善于在竞争中寻求合作，变对手为合作伙伴，最终产生一种一加一大于二的创造性合作。

有些人总是抱怨自己怀才不遇，不被团队所认可，殊不知，融入是一种双方的相互认可、相互接纳，你不能融入团队，是不是正是因为你没有意识到团队合作的重要性，以为现在还是一个单兵作战的时代呢？这个时代呼唤许多精神，而合作精神将永远是推动时代前进的不竭动力，因为个体的力量永远也无法与集体的力量相提并论。

成功人士大都经历过从"能干的人"到"团队好成员"的过程，他们成功的过程，其实就是被团队认可的过程。人类的世界因合作而精彩，希望我们每个人的生命也都能因合作而绽放出璀璨的光芒！

**经典语录：**

人们在一起可以成就单独一个人所不能成就的事业，智慧、双手、力量结合在一起，几乎是万能的。　　　　　　　　　　——韦伯斯特

团结就有力量和智慧，没有诚意实行平等或平等不充分，就不可能有持久而真诚的团结。　　　　　　　　　　　　　　　——欧文

## 不断更新：平衡的自我更新的原则

一个人，如何才能在竞争激烈的社会中，把握每一次机会，脱颖胜出呢？答案只有一个，那就是不断学习。随着科技的飞速发展，知识的老化速度越来越快，今天能使你立于不败之地的知识，可能在明天就毫无用处了，而只有时时"充电"、更新自己的知识结构，才能使你处于不被社会淘汰的地位。

史蒂芬·柯维说："不断更新谈到的是，如何在生活的四个基本领域（身体、社会情感、智力和精神）里不断使自己获得更新充电。对机构而言，不断更新的习惯促进了机构的更新以及不断的改善，使机构不至呈现老化及疲态，并迈上新的成长途径。对家庭而言，不断更新的习惯通过定期的个人及家庭活动使家庭效能升级，例如建立使家庭日新月异的传统。"由此可见，自我更新无论对企业还是个人，都具有重要意义。

在一所名牌大学的教室里，一群毕业生正在进行一场考试，这场考试是他们参加毕业典礼之前的最后一场考试。经历了四年的努力学习，学生们都掌握了精深的专业知识，对自己能力的自信以及对未来的憧憬使他们每个人都容光焕发。他们谈论着即将到来的考试，语气轻松、神态愉悦，在他们看来，这场考试非常简单，不仅仅因为他们相信自己的实力，教授甚至允许他们带上任何需要的资料。

教授终于来了——学生们已经等得有些不耐烦了，但当他们拿到发下来的试卷后，脸上逐渐失去了笑容。三个小时后，教授一一收走试卷，有的学生已经汗如雨下。教授站在讲台上，俯视着一张张面带恐惧的年轻的面庞，大声问道："五道题目都完成的请举手？"没有一个人回应他。"那么，完成四道的呢？"所有学生这时都将头埋得深深的。等到教授一直问到"有没有完成一道题的"之后，整个教室陷入了一种令人难堪的沉默中，全体学生都因深深的挫败感而无比沮丧。良久，教授微笑着说："这正是我期望得到的结果。"面对一双双充满疑问的眼睛，他解释道："我只是想让你们始终记得，虽然你们认真学习了四年，但是关于这个专业，还有许多知识是你们不知道的。我希望你们每个人都能因为这次特殊的考试牢牢记住一件事——即使已经是这所百年名校的优秀毕业生，但你们的学习依然只是刚刚开始。"

这是一次令人难忘的毕业考试，许多年以后，参加这场考试的学生已经逐渐记不起教授的名字，但是每个人却都牢牢记住了教授的那番话。

是的，生而有涯、学无止境，人的一生只要活着，学习就没有尽头，总有无数的东西要我们去学习。以为目前已经掌握了最全面、最专业的知识，可以一劳永逸，不必再学习了，这种想法，只会成为你成长道路上的巨大障碍。

广东长安集团的总裁曾经意味深长地说过这样一番话："一个企业的失败，往往是因为曾经的成功，过去成功的理由是今天失败的原因。任何事物发展的客观规律都是波浪式前进、螺旋式上升、周期性变化的。中国有一句古话叫风水轮流转，经济学讲资产重组。不归零就不能进入新的资产重组，就不会持续发展。"

社会是不断发展进步的，在今天以前，也许只要你拥有渊博的知识，就可能会取得辉煌的成就,但是在今天,如果你不想被社会淘汰,就要不断地学习,不断地实现自我更新,这样才能有效地提升自己的价值,让自己有能力承担更多的责任,从而为自己创造一个更广阔的发展平台。

**经典语录:**

我们主张产品零库存,同样主张成功零库存。只有把成功忘掉,才能面对新的挑战。　　　　　　　　　　　　　　　——张瑞敏

冠冕,是暂时的光辉,是永久的束缚。　　　　　　——冰心

# 第七章

## 不可小视的人脉：学点人际关系学

许多人都认为，一个人成功与否，主要取决于自己的能力，其实，这是一个错误的想法。一项最新的调查结果显示，事业有成的人，在其获得成功的因素中，人际关系占了85%，而知识、技术、经验等因素仅占15%。同样在另一份调查中，有4000名从业者因人际关系不佳而被解雇，占到了被调查人数的90%，而因工作不称职而被解雇的，仅占10%。

由此可见，拥有良好的人际关系对自己的事业有着不可估量的积极作用。

而掌握一套建立良好人际关系的正确方法，又是重中之重。

## 真诚地赞美他人

通常情况下，人最关注的还是自己。举个最简单的例子，不知你留心观察过没有，当你或者别人，拿出一张自己与他人合照的集体照，每个人一定都是先找自己。

## 第七章 不可小视的人脉：学点人际关系学

戴尔·卡耐基在他的名作《人性的弱点》中说："只要人们不是在对某一特定的问题进行思考时，那么一般的情况是，他们95%的时间，都会想着与自己有关的一切。"于是我们不禁要问，那么你此刻最关心的是什么？是健康、幸福、财富，还是被人重视、赞美？

心理学家认为，要调动人的积极性，就要"满足"他所关心的。卡耐基也认为，天底下只有一种方法可以促使人去做任何事，就是："给他想要的东西。"那么，一个人到底最想要什么呢？美国学识最渊博的哲学家约翰·杜威认为，人类最本质的愿望就是"希望具有重要性，希望被赞美"。

原来，被赞美是人们最重要的期望！

那么，毫不吝啬地去赞美他人吧！

在与人交往时，不要只顾喋喋不休地谈论自己，要闭上嘴巴，学会倾听。倾听可以发现他人身上的优点，而当你发现这些优点时，一定要不失时机地予以赞美，这样才能激发他人的兴致，赢得他人的好感。

一句真诚的赞美，是对他人的肯定和鼓励，能唤起对方的勇气和自信。有时候，一句无意中称赞的话，往往会被永久地镌刻在被称赞者的心灵深处，激励着他从此走上奋进的道路，许多年过去后，也许你已经不记得这些话了，但是对方依然会如珍宝般将其珍藏在心中。

卡特是一个生活在单亲家庭里的孩子。很小的时候，他就和父亲相依为命。可是，由于父亲对他疏于管教，卡特逐渐开始放纵自己，不是逃课、打架，就是偷东西，玩恶作剧。时间一长，他的恶名传遍了整个镇子。11岁时，父亲再也无法忍受卡特给自己带来的无休止的烦恼，于是把他送到了镇上的一位老师家里。

当他走进那位老师的家时,一位佣人尖着嗓子说:"先生,您看您带回来的是什么人啊!他可是镇上最出名的坏孩子。也许明天早上,你就会发现家里的碗和碟子全都消失了。幸运的话,你会在花园里发现一些碎片。"

卡特根本就没把这些话放在心中,反正人人都这样说他。但让他没想到的是,老师居然对佣人说:"请你不要再说这样的话。卡特不是个坏孩子,他只是走错了路而已。我了解他,其实他很聪明,只要我们好好对他,他一定会有所作为。"佣人不以为然地走了。老师的话,仿佛一阵春风拂过,卡特的心里泛起了一阵涟漪:父亲对他非打即骂,也从没有夸自己聪明,人人都说他没出息。可是,老师竟然说他聪明。

从此,卡特对老师的抵触情绪消失了,他开始愿意和老师接触了,并且决心改掉坏毛病,做一个好孩子了。他不再和那群坏小子一起了,也不逃课了,开始一心读书。卡特幻想着将来真的可以像老师说的那样做出一番事业。老师家的佣人对卡特的改变非常惊奇,慢慢的,他也喜欢上了这个小男孩,也开始鼓励他,帮助他。

十年后,卡特以优异的成绩从学校毕业,成为了一名教师。又一个十年过去了,卡特开办了一所学校,那所学校里没有一个坏孩子,因为卡特早已懂得如何赞美和鼓励孩子。

其实,不管是普通的人,还是伟大的人,都愿意听到他人对自己的赞美之言。一句真诚的赞美可以缩短人与之间的距离,让人们更亲密无间;而一句不经意的讽刺,则会拉大人与人之间的距离,让人与人之间更陌生。

但是,当你赞美一个人时,你应该明白,虚伪的奉承不是赞美,夸大的吹捧不是赞美，无原则的宽容也不是赞美，赞美需要以真诚为基础。当然，赞美他人的人也是幸福的，因为，你赞美他人时，他人会把这种温暖的情谊反馈到你的心中，让你也感受到温暖。

所以，让我们学会赞美，赞美自己身边的每一个人。生活会因为这些赞美的存在而变得更美好。

真诚地赞美他人吧！当你赞美对手时，对手也会变成你的朋友；当你赞美朋友时，朋友会变成你的手足。总之，真诚地赞美能让我们与他人相处融洽。

**经典语录：**

要改变人而不触犯或引起反感，那么，请称赞他们最微小的进步，并称赞每个进步。
——戴尔·卡耐基

赞美是美德的影子。
——塞·巴特勒

## 不要轻易批评别人

在生活中，人们由于对各种事物有不同的看法，所以经常会有一些争执，固执己见的人往往以不留余地的批评，来证明自己的意见是正确的。然而，这种批评是很危险的，一个轻视的眼神，一种不满的语气，一个不耐烦的动作，都会严重伤害对方最看重的自尊，并激起对方的强烈反抗，使场面极度尴尬。就像著名的成功学大师罗宾森教授所说的那样："人，有时会很自觉地改变自己的想法，但是如果有人说他错了，他反而会产生抵触，更加固执己见；人，有时也会毫无根据地形成自己的想法，但是如果有人不同意他的想法，反而会使他全心全意地去维护自己的想法。不是那些想法本身多么珍贵，而是他的自尊心受到了伤害……"

因此，永远不要采取最直接的方式轻易地批评别人，更不要试图以否定别人的智慧和判断力的方式来强迫他接受自己的想法，也永远不要说这样的话："走着瞧吧，你会知道到底谁错了。"这简直是一种挑衅，在你还没有找到让对方承认错误的方法之前，你已经下了战书，任何人面对这样的挑战，都会为了维护自尊而迎战。在这种情况下，即使对方明白自己错了，也绝对不会承认，更严重的后果是，你从此失去了这个朋友。那么无论谁对谁错，你都是个失败者——你用最不留余地的方式破坏了自己的人际关系。

纽约有一位年轻有为的律师，非常专业，也很敬业，三十岁就拥有了自己的律师事务所。有一天，他接到一个案子，此案牵涉一笔巨款和一项重要的法律问题。为了尽快打响名头，确保万无一失，年轻人搜集了很多资料，终于充满信心地上庭了。庭审期间，年轻的律师与对方律师进行了唇枪舌剑的辩论，很快占据了上风。

主审这个案子的法官是全美最有名气的法官之一，可谓德高望重。在双方律师辩论结束之后，他进行了例行的提问。在提问过程中，法官似乎对一项法律条文不太确定，于是问那个年轻的律师："在我的印象里，海事法追诉期限是六年，是吗？"

年轻人立刻回应道："不，绝不是，庭长，你弄错了，海事法没有追诉期限。"话音刚落，法庭陷入了一种无比尴尬的沉默中。所有人都看着这个初出茅庐的年轻人，他却丝毫没有意识到有什么不妥，开始引经据典，一再卖弄自己渊博的法律知识，力图证明自己的判断是正确的。而在此期间，法官一直阴沉着脸，一言不发。

到了判决的时候，年轻的律师充满信心地等待宣判，然而，出乎他的意料，陪审团成员一致认为年轻律师的当事人有罪，尽管根据法律条文，那个当事人被判无罪的可能性极大。年轻人终于认识到了自己的错误，是的，从法律的角度讲，他是对的，但是他却铸成了一个大错，那就是在法庭上所有人的面前，不留情面地批评一个德高望重、学识渊博的法官。

是的，若说这个年轻人有错，根源就在于他没有用合适的方法回答法官的提问，如果他说："我记忆中的是另外一种情形，不过我也常常弄错，如果弄错了，我很愿意改正……"结果很可能就完全不同了。

18世纪美国最伟大的科学家、政治家本杰明·富兰克林，在他的自传中曾经说过："当有人向我陈述一件我所不以为然的事情时，我决不立刻驳斥他，或立即指出他的错误。我会在回答的时候，表示在某些条件和情况下，他的意见没有错，但目前来看好像稍有不同。我很快就看见了收获，凡是我参与的谈话，气氛变得融洽多了。我以谦虚的态度表达自己的意见，不但容易被人接受，冲突也减少了。"可见，如果自己处理得巧妙，不但可能让对方承认错误，还会让自己同时收获良好的人际关系，而如果想以强硬的方法达到目的，那只能适得其反了。

**经典语录：**

世界上最容易摧毁一个人志向的，就是上司所给他的批评。我从来不批评任何人，我只给人们激励。我是急于称赞，而迟于寻错，如果说我喜欢什么的话，那就是诚于嘉许、宽于称道。

——司华佰

## 时常保持微笑

亲爱的朋友，当你在高兴的时候，你会微笑吗？当你在遇到困难的时候，你还会微笑吗？当你在面对别人的责备时，你同样也会微笑吗？

人的一生不可能一帆风顺，当我们遇到困境时，有些人是沮丧的，甚至是愤怒的，但也有人选择了用微笑来面对一切。因为事情已经发生，即使再懊恼、沮丧，也于事无补，与其抱怨，倒不如用微笑去面对，也许一切还都会朝着好的结果发展。

微笑代表一种心态，是一种释放善意的表示，只有心里有阳光的人，才能拥有让别人感到温暖的微笑。这样的人也往往会以乐观、积极的态度面对一切，从而清除了我们内心的障碍，为我们的生活找到攻克难关的方法。

卡耐基在《人性的弱点》中说："微笑是从内心发出的，那种不诚意的微笑，是机械的、敷衍的，也就是人们所说的'皮笑肉不笑'，那是不能欺骗谁的，也是我们所憎厌的……纽约一家极具规模的百货公司的一位人事主任，跟我谈到这件事。他说他愿意雇用一个有可爱的微笑、小学还没有毕业的女孩子，而不愿意雇用一个脸孔冷若冰霜的哲学博士。"因此，请不要低估了一句善意的话、一个微笑的作用，它很可能成为开启你幸福之门的一把金钥匙。

20世纪30年代，在德国的一个偏远乡村住着一个犹太传教士。那时候，当地人对犹太人很不友好，但是这个传教士从来都不介意。每天清晨，他都会在一个固定的时间到一条乡村小路上散步，遇到对面走过的农民，总是主动问好，并报以亲切的微笑。尽管大多数人从不理会他的善意，甚至对他投以鄙夷的目光，但他也从未改变。

在那些农民中，有一个叫米勒的年轻人，最初也和他的同乡一样，对传教士视而不见，对他善意的微笑和问候从不回应。可是，当米勒发现自己的冷漠对传教士没有产生任何影响时，内心便有所触动。一天清晨，当再次听到传教士的问候时，他终于脱下自己的帽子，也微笑着道了一声"早安"。此后，两人每次见面都会互相问候。

几年之后，希特勒上台，纳粹党对犹太人进行疯狂的屠杀，千千万万手无寸铁的犹太人像待宰的羔羊一样被送往集中营，他们到了之后，就会有一个纳粹军官站在队伍的前面，用手中的指挥棒随意发出"左"或"右"的指令。被指向左边的人马上就会被处死，而被指向右边的则可能有生的机会。

当时，米勒也成了一个纳粹军官。终于有一天，那名犹太传教士也被送进了集中营，他所在的队伍就站在米勒面前等待宣判。当被点到名字时，本来浑身颤抖的他走上前去，居然面对米勒习惯性地绽放出了一个微笑，紧跟着，一句"早安，米勒先生"也脱口而出。米勒似有所动，也回应了一句："早安。"结果，犹太传教士被指向了右边，虽然他在集中营受到了非人的折磨，但是凭着顽强的意志，终于熬到了战争结束，得以生还。

这是一个真实的故事，故事中的犹太传教士有幸在最恶劣的环境中保住性命，最关键的原因就是他不介意别人对自己的态度，乐于向别人送出自己的微笑。而真诚、会心的微笑，它所传递的内涵是："我很高兴看到你，你带给我快乐，我喜欢你。"——谁能拒绝这样的善意呢？

有人说，世界就像一面镜子，当你对它微笑时，它必然也会报以微笑。对此，一位成功的企业家深有体会："一个人在世界上之所以能做成一点事，有一点成就，就这么一点点奥秘，你给别人一个什么表情，别人就回报你一个什么表情，你给一个怨恨的眼神，就得到一个怨恨的眼神，你给一个善良的微笑，就得到一个善良的微笑，当你给了千百人一个微笑的时候，千百人回报你的也是千百个微笑，这样，你的人生就成功了。"因此，不论你到了哪里，请用甜美的微笑去面对每个人，要知道，微笑是对他人的尊重，也是对生活的尊重，真正懂得微笑的人，往往比别人更加容易获得成功的机会。

**经典语录：**

如果你希望别人用一副高兴、欢愉的神情来接待你，那么你自己先要用这样的神情去对待别人。

——戴尔·卡耐基

阳光和鲜花在达观的微笑里，凄凉与痛苦在悲观的叹息中。

——雨果

## 牢记别人的名字

你是否有过这样的体验，当你叫出一位只见过一面，还并不很熟悉的人的名字时，那个人会流露出惊喜的眼神？

在社交场合，你是否也有过，当你向别人递出名片时，出于礼貌，对方也会给你名片？这个时候，你又是怎样做的呢？千万不要草草地看一眼便收起来，从此束之高阁，而应该细心地观察对方的相貌特征，记住他的名字。如果在下一次见面的时候，你能自然地叫出他的名字，那么无疑会获得对方的好感，给双方增加一个进一步交往的空间。

卡耐基说过："一般人对自己的姓名，比把世界上所有的姓名堆在一起，还感到重要和关心。把一个人的姓名记住，很自然地叫出口来，你已对他含有微妙的恭维、赞赏的意味。反过来，如果你把那个人的姓名忘记，或是叫错了，不但使对方难堪，对你自己也是一种很大的损害。"

的确是这样，有些人常常忘记别人的名字，但是如果有谁竟然忘了他们的名字，那他们就会感到很恼火，自然也不愿意跟对方建立人际关系。

名字是一个人的代表，记住别人的名字就表示记住了这个人，体现了对对方的重视，自然能获得对方的好感。因此，记住对方的名字是在交际

中取得优势地位的第一步,在这种情形下进行的谈话,很可能是轻松的,对双方来说都是一件愉快的事。事实证明,记住别人的姓名对获得良好的人际关系具有重要的促进作用,在许多时候都能够促使一个人走向成功。

1898年冬天,纽约洛克雷村发生了一桩悲剧,由于地面积雪结冰,一个叫汇阿雷的村民在一支送葬队伍中被一匹跌倒的马活活踢死。在一个星期内,洛克雷村举行了两次葬礼。汇阿雷死后,留给妻子和三个遗孤的,是几百美元的保险金。那时,汇阿雷的长子吉姆·佛雷只有十岁,为了一家人的生计,不得不到砖厂卖苦力。这个连中学都没有念过的穷小子,在四十六岁的时候,已经获得了四个大学的荣誉学位,并且当选过民主党全国委员会主席以及美国邮务总长,是帮助罗斯福总统成功当选的重要助手。

是什么原因促使他取得成功?有人问吉姆·佛雷:"听说您可以分毫不差地叫出一万个人的名字。"吉姆·佛雷立刻微笑着纠正:"不是的,这一万个人是我熟悉的人,我能叫出名字的,至少有五万人。"这绝非夸大之辞,了解吉姆·佛雷的人都知道,当他第一次接触一个人时,会首先设法得知对方的全名,然后尽量了解他的个人情况,比如工作地点、家庭状况。这样,他就会对这个人有一个大体的印象,然后即使在很多年以后再见面,他也能一字不差地叫出对方的名字,甚至像昨天刚分手的好友一样问候对方的家人。这种技巧让每一个接触过吉姆·佛雷的人都感觉到:"吉姆·佛雷对我感兴趣!"既然这样,自己怎么会不对这个亲切温和的人产生好感呢?

事实上,准确叫出别人的名字,正是吉姆·佛雷获得成功的秘诀。他在很早的时候就发现,准确叫出别人的名字能释放出自己的善意,让别人感觉到被尊重。吉姆·佛雷就是靠着这种认知，身体力行，建立了良好的人际关系，最终走向了成功。

牢记别人的名字，也许之前你并没有认识到这样做的重要性，那么，从现在开始，留心别人的相貌和名字，在收到名片时，将名片主人的概况尽量简短地写在名片背面，以后不时拿出来温习，总有一天会派上用场。即使在几年后再见到名片的主人，只要你准备功夫做得好，就能让他感觉到你们昨天才刚刚见过面，你甚至非常挂念他。那这个人就会觉得自己很了不起，你能让他觉得自己很了不起，那么在有所求的时候，他怎么会不尽全力帮助你呢？所以，你不用区分对方是干什么的，和你的关系是否密切，尽管自自然然地叫出他的名字。总有一天，这种特质会助你走向成功。

**经典语录：**

一个人的名字，对他来说，是任何语言中最甜蜜、最重要的声音。

——戴尔·卡耐基

交际中，最明显、最简单、最重要、最能得到好感的方法，就是记住人家的名字。

——罗斯福

## 做一个善于聆听的人

当你在与朋友、同事谈话时，处于什么角色，是说话的主角还是倾听的主角？如果你总是做一个倾听者，那么请坚信，你一定是一个有人缘的人。

许多人在与人交际的过程中，总有一种自我表现的欲望，喜欢逞口舌这快，滔滔不绝、高谈阔论，丝毫不顾及别人的想法。这样的人往往以自我为中心，不懂得尊重他人，因此很难收获良好的人际关系。其实，喜欢自我表现是人的本性使然，在这种情况下，就需要我们冷静地克制自己，尽量做一个善于聆听的人。这样才能够博采众长，充实自己的思想内涵，并使自己展示出一种虚怀若谷的态度，从而增加自己在他人心目中的分量。

当你有求于人时，你更要奉行"沉默是金"的原则，尽量多听少说，如此对方才能感受到你的尊重，从而愿意为你提供帮助。卡耐基在《人性的弱点》中说："对和你谈话的那个人来说，他的需要和他自己的事情永远比你的事重要得多。他注意自己颈上的一个小痣比注意非洲的40次地震还要多。所以，如果我们能充分利用我们的耳朵，做个善于倾听的听众，那对方一定会觉得自己受到了重视，从而对你大有好感，愿意和你建立人际关系。一些大人物曾说，他们喜欢善于倾听者而非健谈者，但这种能力，似乎比其他任何好性格都少见。"

乔·吉拉德是一位享有世界声誉的推销员，他在功成名就之后，忆及往事时，经常提到下面一段经历。那是他刚刚成为推销员的时候，有一次，他与一个大客户谈得非常顺利。然而，就在双方很快就要签约时，客户却突然改变主意，决定不签了。吉拉德非常失望，很受打击。为了吸取教训，他诚恳地登门请教，请客户解释一下原因。客户相信他的诚意，就说了实话："我们谈了这么多次，一直谈得很好，我是很想跟你签约的。可是，上一次见面时，我跟你提到了我的独生子，他未来的大学生活、他的运动成绩以及他的理想抱负，我是以他为荣的。然而，你一个字也没听进去，脸上不仅出现了不耐烦的表情，还转过身去讲电话。这实在令我生气，回家之后更是越想越气，于是，我决定取消计划，不跟你签约了。"这些话对吉拉德的影响很大，从此，他再也不敢小视耐心的"倾听"了。因为他明白了，不能认真听客户讲话，就会让对方感觉到自己不受尊重，那么失去客户就在所难免了。如果一个推销员不能领悟这一点，他的职业生涯也就到头了。

由此可见，善于聆听是一种重要的成功素质。不管是在日常生活中，还是在职场上，要想使别人对自己感兴趣，除了自己首先要表示出对别人的兴趣外，人们还应该学会做一个愿意倾听的人。

那么，如何才算是一个合格的聆听者呢？

我们说，在工作中，不仅要去听，还要去想，真心地站在对方的立场上想问题，为对方考虑。身在职场，当上司讲话的时候，千万不要表面认真，实际上神游太虚，什么都没明白就连忙不迭地点头，要排除一切使你紧张的意念以及烦躁的情绪，认真倾听，从而真正理解上司的意图，处理好自己的工作。

在生活中，我们也应该多听听父母、爱人的絮叨，不要动辄就表示出

不耐烦的样子，须知愿意听对方唠叨也是表达爱意的一种方式。同时，我们也要有耐心地学会倾听朋友或同事的喜悦与烦恼，这样才能成为一个令人有推心置腹之感的好友，从而获得他人的信任和好感。当以上的几点都能做到时，我们才算是真正具备了善于聆听的素质，才算是到达了聆听的最高境界。

**经典语录：**

如果你想让人远远躲开你，背后嘲笑你，甚至轻视你，这里有个很好的办法：就是永远不要倾听别人讲话。

——戴尔·卡耐基

上天赐人以两耳两目，但只有一口，欲使其多闻多见而少言。

——苏格拉底

## 别玩没有胜利的辩论游戏

每个人的性格中，都有"自以为是"的因子，在潜意识里都认为自己是对的，如果别人有不同的意见，那么肯定是别人错了。于是，在许多情况下，人们为了证明自己的"对"、别人的"错"，就开始了激烈的辩论，那么，这种辩论究竟有没有意义呢？

## 第七章 不可小视的人脉：学点人际关系学

卡耐基说："十次辩论中有九次，每个争论的人都比以前更加深信自己的正确。你不可能通过争辩获胜。因为如果你辩论失败了，你当然失败了；如果你获胜，你也是失败的。为什么？如果你胜了对方，将对方驳得体无完肤，并证明他神经错乱，你当然自我感觉很好，但是他呢？你伤害了他的自尊，让对方丢了面子，他当然也要反对你的胜利。……天下只有一种方法，能得到辩论的最大胜利，那就是尽量避免辩论。避免辩论，就像避开毒蛇和地震一样。"

是的，我们应该尽量避免辩论。希望靠着辩论证明自己无比正确并获得优越感的人是幼稚的，且永远无法达到目的，聪明的人绝不会用这样的方式去破坏自己的人际关系，为自己制造障碍。

因为一笔9000美元的账单，巴逊士先生已经跟政府的一位财务稽收员争论了近两个小时。巴逊士坚持认为这是一笔死账，既然永远收不回来了，就没有纳税的理由。稽收员不理这套说辞："什么？死账！死账也得缴税。"他的态度固执、冷漠，简直不可理喻，对着这样的人，说什么理由都是枉然，即使那全是事实，争论得越久，他越是坚持己见。

幸好，巴逊士认识到了自己的失误，决定停止这场毫无意义的辩论，尝试用另一种解决问题的办法。于是，他接着说："从事您这样的职业真是令人羡慕，老实说关于税收的问题我也学习过，可那只是书本上的皮毛，你的丰富经验是我非常钦佩的。"稽收员听了这样的话，靠在椅子上的身躯马上坐直了。在接下来的时间里，巴逊士不再说一句带有争论性质的话，只在那个稽收员谈论自己的工作时，不时地附和。稽收员的声音渐渐和善起来，并提出了告辞，他说要考虑一下这个问题，几天后再答复巴逊士。三天后，巴逊士收到电话，被告知稽收员已决定按照所填报的税目

办理此事。

在这个案例中，巴逊士果断地改变策略，结束了辩论，从而满足了稽收员的虚荣心，获得了良好的结果。表面看来，巴逊士输掉了这场争论，但是你不妨仔细权衡一下：你是想得到言语的上风，还是想得到人们对你的好感，并为你提供帮助呢？答案是不言而喻的。

要知道，辩论是无法解除误会、解决问题的，在进行辩论时或许你是对的，甚至对方口头上也承认了这一点，可是他心里很可能是不承认的，你无法改变对方的思想，又失去了对方的好感，实在是得不偿失。释迦牟尼说："恨不止恨，爱能止恨。"因此，我们应该用巧妙的方法，以和解的态度，从对方的立场出发，表达出解决问题的诚意，而不应该逞一时口舌之快，妄图通过辩论来解决问题。

由此我们可以看出，要达到某个目的，你就需要做到以下几点：

一、有肚量接受异见，对别人提出的建设性意见表示感谢，而不是马上否定；

二、抑制自己的冲动，在不恰当的场合发脾气、与人大声争执绝对是没有修养的表现；

三、学会倾听，懂得抑制表达自己想法的欲望，不去追求在口头上占上风；

四、有认错的勇气，不要明知自己错了还极力为自己辩解，这样只会让别人看笑话；

五、当在无意识的情况下参与了一场辩论时，争取做那个主动停止辩论的人，这不是认输，只会令人钦佩你的修养。

## 第七章 不可小视的人脉：学点人际关系学

> **经典语录：**
>
> 如果你靠辩论反驳，或许会得到胜利，可那胜利是短暂空虚的。因为你永远失去了对方的好感。
> ——富兰克林
>
> 一个成大事的人，不能处处计较别人，消耗自己的时间去和他人争论。无谓的争论，对自己性情上不但有所损害，且会失去自己的自制力。在尽可能的情形下，不妨对人谦让一点。
> ——亚伯拉罕·林肯

# 谈论别人感兴趣的话题

人们经常这样说："与一个母亲谈论她的孩子，永远都不会使她反感。"这几乎是一个真理。为什么这么说呢？孩子是母亲的至爱，是她永不厌烦的主题。

凡是拜访过罗斯福总统的人，无不对他渊博的学识感到惊讶，"无论是一个牧童，还是一个骑士，无论是政客，还是一位外交家，罗斯福都知道应该与他谈些什么"。那么，罗斯福是如何做到这一点的呢？答案很简单。罗斯福每次接待一个来访者之前，都会花一个晚上的时间阅读关于来客的资料，了解他的兴趣所在。这样，在会面的过程中，他便总能找到对方最感兴趣的话题，从而获得对方的好感。

一个人在奋斗的过程中，总希望得到别人的帮助，但是没有人会无缘无故地帮助你，除非了你引起了他的兴趣。而要使别人对你感兴趣，你首

先就要表示出对别人的兴趣。这一切，就从谈论别人最感兴趣的话题开始。人们都喜欢谈论自己，如果你愿意拿出时间来谈论他人感兴趣的话题，那么无疑会获得他人的好感，从而使自己成为一个受欢迎的人，并收获良好的人际关系。

杜文是个很成功的艺术收藏品经纪人，美国的许多百万富翁都愿意把自己的收藏品托付给他交易。但是著名收藏家梅隆却从来不和杜文打交道，这使杜文充满了挫败感，他曾经发誓，即使离死亡还有一分钟，他也要让梅隆成为自己的客户。

起初，杜文并没有想出好办法，他是一个颇有幽默感又很亲切随和的人，但是却始终得不到性格内向、不爱说话的梅隆的好感。因此，杜文的很多朋友都嘲笑他，说他不可能将梅隆发展成自己的客户。

杜文不甘心，终于想到一个好办法，他对朋友们信誓旦旦地说："你们等着吧，梅隆迟早会成为我的客户，而且只成为我一个人的客户，只跟我打交道。"

杜文的方法是，通过各种途径了解梅隆，比如家庭环境、脾气性格等，接下来，杜文花大量的时间和精力去了解梅隆的爱好，终于做到了胸有成竹。

在一个适当的时机，杜文与梅隆"巧遇"在一个电梯口。"你好！梅隆先生。"杜文彬彬有礼地打了个招呼，然后微笑着说："我正要上国家画廊参加一个画展，您呢？""我也是。"对这个巧合，梅隆有些意外。

接下来，两人同行，到了展厅，杜文对梅隆的兴趣所在了如指掌，他渊博的绘画知识以及正合梅隆心意的评论使梅隆惊叹不已，他没想到杜文与自己的品位竟然如此相近，返回后马上主动参观了杜文的收藏。

结果，正如杜文所言，梅隆从此成了他的客户，只跟他一个艺术收藏品经纪人打交道。

每个人的一生都在寻找一种感觉,即受到重视的感觉。在与人交往的过程中,一句不经意的赞美,一个小小的鼓励,总会令人感到心情舒畅、精神愉悦。道理很简单,就是因为人们从中有了受到尊重的感觉。而如果你在谈话时,能够从对方的兴趣入手,尽量谈论对方感兴趣的话题,无疑更会让对方有一种被重视的感觉。

因此,当你因自己的事情不被重视而无比恼火的时候,先不要急着去抱怨谁,要仔细地审视自己,有没有做到重视别人,如果你从未表示出对别人的兴趣,那么是没有资格要求别人的。在社交的过程中,要先去了解别人的兴趣所在,然后技巧性地与其沟通,这样才会变成一个受欢迎的人。记住,尽量不要谈论自己与他人有冲突的话题,因为这会给你们的交往设置一种障碍,容易令你不受欢迎。而只有当大家都愿意跟你谈话、跟你交往的时候,你才能离成功越来越近。

**经典语录:**

如果你希望使人喜欢你,如果你想让他人对你产生兴趣,你必须注意的一点是:谈论别人感兴趣的话题。

一个不关心别人,对别人不感兴趣的人,他的生活必遭受重大的阻碍、困难,同时会给别人带来极大的损害、困扰,所有人类的失败,都是由于这些人才发生的。

——戴尔·卡耐基

## 给别人留面子，就是给自己留余地

中国有句俗话：人要脸，树要皮。面子代表的是人的尊严，谁都希望自己在别人面前有尊严、受尊重，这样才有生存的意义。"不蒸馒头争口气"，争的就是这个面子。因此，不论在什么时候，即使在最愤怒的时候，也要控制住自己的冲动，给别人留一点面子。即使是对方的错，你如果能给对方留个面子，不去追究，不去宣扬，那一定会获得别人的信任和好感，这对自己来说也是非常有利的。

现在有不少人在言语失当、使别人丢了面子之后，以"心直口快"为由为自己开脱，甚至自鸣得意。殊不知这是一种极为愚蠢的做法，所谓覆水难收，说出去的话就像泼出去的水，永远收不回来了。爱面子是人的天性，你因为一时口快伤了别人的面子，这种伤害是难以弥补的，对你的人际关系，将产生极为消极的影响。

卡耐基曾经说过："顾全一个人的面子，那是多么重要！可是我们之中，很少有人想到过。我们蹂躏别人的感情，不留一丝的余地，找别人的错处，或者加以恐吓！当着别人面，批评他的孩子，或是他所雇用的佣工，毫不顾虑到别人的自尊！其实，我们只需要花几分钟的时间想一想，再说一两句体恤的话，谅解到对方的观点，就可以解除很多刺痛。"

是的，不管你多么优秀，说话之前也要考虑到别人的面子、别人的尊严，在口出恶言之前，请设想一下自己被不给面子时的心境吧！

## 第七章 不可小视的人脉：学点人际关系学

在一家五星级酒店，一个男士粗声粗气地喊道："服务员，过来一下！"声音里透着极度的不满。为他服务的女侍赶紧面带微笑地走过去，礼貌地询问原因。只见那个男士指着桌上的杯子，不客气地说道："你自己看看，居然把坏了的牛奶拿来卖，好好的一杯红茶就这样糟蹋了。"女侍稍微愣了一下，想张嘴说话，还是忍住了，依然彬彬有礼地说："实在抱歉，给您带来了不便，我马上给您换。"说完回到吧台，倒了一杯新的红茶，餐盘上依然放了与之前一样的柠檬和牛奶。

女侍轻轻地将这些东西放到桌上，然后用只有那个顾客才能听到的声音说："先生，我是不是可以建议您，如果放牛奶，就不要放柠檬，因为有时牛奶会在柠檬酸的作用下结块。"那个男士脸"腾"地红了，马上明白了怎么回事，他点点头，然后匆匆喝完茶，结账出门了。

女侍的同事笑着问她："为什么不直接给他好看，对这个土包子这么客气干吗？又粗鲁，还很自以为是。"但是女侍却认真地说："有理不在声高，这种事一说就明白，还是给他留点面子吧。"此后，那个顾客经常光顾这家酒店，每次都点名让那个女侍为自己服务，不仅态度温和，且出手大方，经常付给女侍数目不菲的小费。

故事中的女侍在受到无端的责备时，没有大声为自己辩解，更没有得意洋洋地"抨击"对方是土包子，反而很体贴地顾及到了对方的面子，为对方留了余地，最终也给自己带来了好处，虽然这并不是她的初衷，但是这个事例无疑也告诉了人们，遇事给别人留个面子，对自己是有百利而无一害的。

每个人都渴望得到别人的尊重，所以我们应该尽量为别人着想，不要因为不给别人面子而惹出是非。对朋友或者同事有意见，可以私下与其恳谈，千万不要当着众人的面指责，免得让人没办法下台。总之，遇事的时候尽量采取让别人有面子的做法，可以帮助自己建立良好的人际关系。然而，许多人并不明白这个道理，总是自以为有见解、有口才，一有机会就高谈阔论，把别人批得面红耳赤，只为了证明自己的正确，然后大呼过瘾——这实在是幼稚至极的做法，迟早有一天会付出代价。

**经典语录：**

自尊自爱，作为一种力求完善的动力，却是一切伟大事业的渊源。

——屠格涅夫

人类有许多高尚的品格，但有一种高尚的品格是人性的顶峰，这就是个人的自尊心。

——苏霍姆林斯基

# 第八章
## CHAPTER 8

# 信念的力量：
## 自信是成功的动力

许多人往往对别人的成功羡艳不已，渴望自己有一天也像他们一样衣着光鲜、光芒四射。但是你有没有想过，是什么原因让那些原本普通的人脱颖而出、出人头地，成为人人称赞的成功人士呢？答案很简单，那就是成功者都坚信自己一定能成功。

自信是一种无形的力量，它看不见、摸不着，但却有着巨大的力量。自信的人将挫折当成一笔财富，将不幸当成一种经验，将曲折当作一种乐趣；自信的人能够化不利为有利，变被动为主动；自信的人即使身处困境，也会自强不息，奋勇向前；自信是人生最伟大的动力！

## 我是独一无二的

"世界上从来没有两片叶子是一模一样的。"在这个世界上，每个人都是独一无二的。德国人在教育孩子的时候，从来不忘告诉他们这样一句话："你是独一无二的。"这里的"独一无二"当然不仅仅是指外貌的不同，更重要的是指每个人身上所具有的与众不同的潜能和特质，哪怕是手足兄弟、孪生姐妹，在性格、气质、爱好、经历等方面也会有所不同。

你曾经做过的事情，别人不一定能够经历过；你曾经有过的快乐，别人不一定拥有；你以这种方式去为人处世，别人会以另外一种方式。你就是你，即使找遍世界的每一个角落，也不可能找出第二个你。

既然你是独一无二的，那么你就有权利相信自己。哪怕你的地位很卑微，哪怕你的经历很坎坷，你也不要轻易地否定自己。要知道，活在这个世上，是上天赋予你的使命，是别人无法代替的。

但是，如何才能发现自己独一无二、与众不同的潜能和特质呢？最关键是要对自己的优缺点有一个明确的认识。

小狗汤姆长大了，想要自食其力，于是他每天都忙忙碌碌地找工作。然而，一个月过去了，他依旧一无所获。

这一天，他又白忙活了一天，垂头丧气地回到家，向妈妈诉苦："我真是个废物，为什么没有一家公司肯用我呢？"

妈妈也很奇怪，便问："和你一起去找工作的蜜蜂、蜘蛛、百灵鸟和猫呢？他们找到了吗？"

汤姆说："蜜蜂从小就会飞翔，所以做了空姐；蜘蛛生来就会结网，所以在搞网络；百灵鸟从音乐学院毕业后，就当了歌星；就连会抓几只老鼠的猫都做了保安。他们要不就是有天分，要不就是有高学历，而我什么都没有。"

妈妈接着问道："那么马、绵羊、母牛和母鸡呢？"

汤姆回答说："马力量大，可以拉车；绵羊身上的毛可以做衣服；母牛可以产奶；鸡可以下蛋。与他们相比，我身上没有一点有用的地方。"

听完汤姆的话，妈妈微笑地说："孩子，你的确不能像马一样拉着战车飞奔，也不会像母牛一样产奶，但是，你并不是废物，你是一只忠诚的狗啊！虽然你没有过人的天赋，也没有受过高等教育，但是，我们狗家族独有的忠诚之心可以弥补你所有的缺陷。所以，孩子，你要记住，一定要保持我们家族优良的传统，是金子就总会有发光的一天。"

汤姆听了妈妈的话，终于发现了自己身上的优点。第二天，他自信满满地接着找工作去了。功夫不负苦心人，历尽千辛万苦之后，汤姆终于找到了工作。而且，不久之后，就凭借着他那特有的忠诚之心，被老板提拔为行政部经理。

小狗汤姆在妈妈的指点之下，发现了自己的与众不同之处，于是对自己的未来充满信心，结果，不仅给公司带来了利益，而且还给自己带来了似锦的前途。

可以说小狗汤姆是幸运的，他及时地认识到了自己的特质，发挥了自己的特长。然而，可悲的是，有的人却依然不能认识到这一点，他们认为自己只不过是地球上60多亿人中最普通的一个，因此，每天抱着混日子的态度，没有一点进取心，当一天和尚撞一天钟，就这样过完了毫无意义的一生。更可悲的是还有的人或许发现了自己与众不同之处，于是变得自高自大、目中无人，最后成为了孤家寡人，惨淡收场；或者他们在遇到一点挫折和失败之后，渐渐地否决了自己不平凡的一面，最终也不免沦为平庸。

在世界足坛中，巴西球员以天赋和技术得到了世界各国俱乐部的青睐。在中国，广东则好比巴西，历来盛产天赋好、技术型的球员。温俊武

## 第八章 信念的力量：自信是成功的动力

就是这样一个球员。

1998年，中国足球职业化的第五个年头，刚刚20岁的温俊武由于出色的技术和过人的天赋被广州太阳神队从二队招入一队。同一年，温俊武还入选了中国国青队。

这个时候，温俊武可谓大红大紫，不仅成为球队的核心球员，被球迷誉为"彭伟国接班人"，更是收到了数笔商业代言的邀请。名利双收让这个涉世不深的小伙子渐渐迷失了，他开始忽略身边的朋友，频频出入夜总会等娱乐场所，并在酒吧服用摇头丸等软性毒品。不良的生活作风让温俊武逐渐失去了在球场上的想象力，他的天赋逐渐逝去。更可怕的是，由于金钱崇拜的不良社会风气感染，他渐渐染上了赌球的毒瘤。为了大赚一笔，他甚至不惜牺牲自己球队的胜利，这让队友、球迷、俱乐部都对他失去了信任。

终于，1999年，温俊武被人告发赌球，他被带入了公安局。虽然因为证据不足，温俊武并没有受到处罚，但是俱乐部已经没有他的立足之地了，而且他的家人也因为他的斑斑劣迹而与他决裂。

众叛亲离并没有让温俊武认清错误，他反倒认为全世界的人都是因为眼红，所以才与他作对，于是他决定报复。

2000年6月，温俊武在新球队中再度打假球。结果，东窗事发，他再次被俱乐部开除。从此，再也没有俱乐部敢用温俊武了，没有球踢的温俊武不得不结束了自己的足球生涯。

温俊武的故事告诉我们，我们要好好利用自己的优势，千万不要以为自己不可或缺，因此就忽略了身边人，或者放纵自己，否则只会自取灭亡。正如《羊皮卷》所言："我的技艺、我的头脑、我的心灵、我的身

体,若不善加利用,都将随着时间的流逝而迟钝、腐朽,甚至死亡。"

所以,每个人都要努力挖掘自己的特质,并充分发挥它,让它帮助你变为独一无二、不可或缺的重要人物。同时,也要正确地看待你的与众不同,不能因为自己的独一无二就沾沾自喜、洋洋自得,否则,你将会为此付出惨重的代价。

**经典语录:**

人人都有其优势智能,而这优势智能有待被唤醒,看见自己的天才,是敲开生命宝藏的一块砖石。————多元智能大师迦德纳博士

天赋不可造就,却能挖掘。————居里夫人

## 珍惜今天的一分一秒

关于时间,每个人都有许多感慨。有的人感慨时间过得太快,幸福还没有享受够,就已经悄悄溜走;有的人感慨时间太慢,不幸的事情总是一件接一件。有的人会回忆过去的光辉岁月,有的人则畅想未来的美好时光。于是,在感慨、回忆与畅想之中,他们慢慢变老。这时,他们方才"恍然大悟":时间竟然就在这感慨、回忆与畅想中一点一滴逝去。为此,他们又悔恨莫及。然而,也仅仅是悔恨罢了。

## 第八章 信念的力量：自信是成功的动力

其实，他们仍然没有真正醒悟，所以不会去珍惜最后的时刻，只是在感慨时间的流逝、岁月的蹉跎，以至于直到生命中的最后一刻依然一事无成。

所以，我们没必要感慨昨天的成功与失败。昨天的成功已成为过去，不代表我们一生都会永远成功，所以，我们要保持谦虚好学的心态来做人做事。至于昨天的失败，也不必感叹难过。"时光会倒流吗？太阳会西升东落吗？我可以纠正昨天的错误吗？我能抚平昨日的创伤吗？我能比昨天年轻吗？一句出口的恶言，一记挥出的拳头，一切造成的伤痛，能收回吗？"答案是不能！所以，过去的就让它永远过去了，不再去想它。

同样，我们不要去幻想明天的成功或失败。"明天是一个未知数，为什么要把今天的精力浪费在未知的事上？走在今天的路上，能做明天的事吗？我能把明天的金币放进今天的钱袋里吗？明日瓜熟，今日能蒂落吗？明天的死亡能将今天的欢乐蒙上阴影吗？"答案同样是不能！所以，我们不能杞人忧天，去为不可预测的事情担惊受怕。

过去的事情已成定局，高兴、难过都不会再有所改变；未来的事情还不可知，畅想、悲观都不是决定因素。而只有今天才是我们可以把握的，人的一生不过是由几万个"今天"组成的，把握好了这一个个"今天"，也就换来了成功的一生。

贝姬是美国圣地亚哥大通财务服务公司信贷部的经理。最近，大通公司生意十分冷淡，信贷部门还差900万美元才能完成任务，但是只有不足两个月就要过圣诞节了。按照以往的经验来看，这个任务很难完成了。为此，信贷部的员工们都很是紧张，都担心年底的分红没有了。

但是，贝姬并没有失去信心。她在信贷部内部会议中，鼓励大家："我们的工作一向是有周期性的，有的时候贷款额会高，有的时候则低。我们只要把所有的精力都放在每天的工作上，努力向顾客介绍我们的产品，诚心诚意地帮助顾客度过难关，那么，我们的任务就一定可以完成。"贝姬的一席话感染了所有员工，大家又变得信心满满，工作起来也格外卖力，对客户则抱着十二分的热情，不多久，信贷余额很快就回升了，他们也超额完成了任务。

每天做好分内的事，努力并充满热情地工作，那么成功将永远伴随着你。正如一位著名的哲人所说："生命只有一次，而人生也不过是时间的累积。我若让今天的时光白白流逝，就等于毁掉人生最后一页。因此，我珍惜今天的一分一秒，因为它们将一去不复返。"

然而，还有些人会这样想："如果我今天把明天的事也做了，那么不就可以节约一天的时间来做我想做的事了吗？"事实果真如此吗？也许，下面的故事会告诉我们答案。

小和尚负责清扫寺庙院子里的所有落叶，而落叶是那么得多，每天他都要花两个小时才能清扫完。而到了秋冬之际，院子里的落叶更多，他有时候得花半天的时间来清扫。尽管这样，到了第二天，落叶又会再次铺满院子的地面，小和尚不得不再次清扫。为此，小和尚十分头痛，他总是愁眉紧锁，闷闷不乐。

这天，吃过晚饭，小和尚想到明天还要清扫很多落叶，不禁又紧锁起眉头。这时，他的一位师兄看到了，便问他有什么不开心的事。小和尚说："我每天都要花好几个小时来清扫院子里的落叶，可是第二天依然会落很多，该怎么办才能让第二天不落那么多呢？"师兄想了想，说道："这样吧，你明天在清扫之前，用劲摇树，把那些干枯的树叶都摇下来，不就好了吗？"小和尚听罢，觉得这个办法不错，于是对师兄感激不尽。

第二天，小和尚按照师兄说的，使劲地摇树，然后才开始清扫。半天之后，小和尚终于把落叶都清扫完了，虽然很疲劳，但是想到以后就不会再累了，所以他非常高兴，美美地睡了一夜。

天亮之后，小和尚满怀期待跑到院子里，可是，映入眼帘的依旧是满院的落叶。小和尚百思不得其解，就坐在台阶上发起呆来。这时，老主持路过这里，看到小和尚发呆，就问他原因。了解了事情之后，老主持对他说："傻孩子，叶子掉落是一个自然过程。有的叶子掉得早，那是因为养分已尽；有的掉得晚，那是因为还有养分。每时每刻都会有生命因养分用尽而凋谢啊！所以，今天的落叶只能今天清扫，而明天又会有新的落叶飘下来啊。"

听完老主持一番话，小和尚终于明白，明天的事情是无法放到今天来做的，我们所能做的就是要把握好今天的每一分每一秒。

每一天都有每一天的工作要做，努力做好今天的工作，不要为昨天的失败伤神，也不要为明天的成功而激动不已，积极真实地把握好今天的一分一秒，这样，你会活得更加有意义。

**经典语录：**

今天太宝贵，不应该为酸苦的忧虑和辛涩的悔恨所销蚀。把下巴抬高，使思想焕发出光彩，像春阳下跳跃的山泉。抓住今天，它不再回来。

——卡耐基

> 明天的时光长于逝去的时光,行动的动力是我们不死的愿望。不管何处是生命的尽头,活一天就要有一天的希望。
>
> ——莱蒙托夫

## 把握成功的机遇

一个人一生中因多次机缘巧合而成功的,这种情况出现的几率并不高,但一生也无任何机遇的人大概也没有。

既然每个人都可能遇到好的机会,那么为什么还有那么多失败的人呢?显然,那是因为他们没有牢牢地把握机会。卡耐基曾说过:"当机会呈现在眼前时,若能牢牢掌握,十之八九都可以获得成功。"但是,如果你没有做到,又怎么能奢求成功呢?

美国最大的信封企业的总裁麦肯锡,坐飞机只坐头等舱,他并不是个一味追求享受的人,坚持这样做,只是因为他认为这种"奢侈"的行为非常有必要,因为能给他带来丰厚的回报。他说,我在头等舱结交一个名流,就可能给我带来巨额的收益。麦肯锡是一个看重机遇的人,对他来说,坐头等舱的意义不在于昂贵和舒适,而在于结交人的机会。但是,每天有无数人坐飞机,不管是经济舱还是头等舱,而真正能像他一样把握机遇的人能有几个呢?机遇常在,识别机遇和把握机遇的智慧却不是每个人都有,因此,不成功的人永远比成功的人多得多。

当然,仅有抓住机遇的意识还不够,许多时候,机遇不会从天而降,

## 第八章 信念的力量：自信是成功的动力

它是需要你主动去发现、去创造的，美国毕马威会计师事务所的董事长和首席执行官尤金·奥凯利曾说过："机遇之神出现时，从不佩带财富、成功或者荣誉的标志。"拿破仑·希尔也说过："机遇属于那些主动去寻找，并且知道到哪里去寻找和如何寻找的人。"

A是一家外企的白领，待遇虽然不错，但他总觉得自己的满腔抱负得不到施展，因此每天都在想：要是哪天能有机会遇到总裁，展示一下自己的才华就好了。A的同事B也有同样的想法，但两人的做法不同——A只是想想，B却行动起来。他明里暗里地打听，并根据自己的观察，了解了老总毕业的学校、行事风格。然后，胸有成竹地期待有一天能够遇到老总。可是，这一天迟迟未能到来。显然，A和B的同事C头脑更加灵活，他在掌握了B所掌握资料之后，还打听到了老总上下班的时间和习惯坐哪部电梯。之后，他精心设计了几句简短却不失分量的开场白，算准时间去乘坐电梯，不出意料地遇到了老总，彬彬有礼地打了招呼。经过几次这样的"巧遇"，老总对这个青年渐渐留了心，终于找他长谈了一次，C也因此争取到了更好的职位。而A和B还是每天都在为自己得不到重用而抱怨，还是只是幻想巧遇老总的机会。

上面的案例告诉我们，仅仅守株待兔是难以成功的，B虽然比A多做了一点，但做得还不够，本质上他还是一个不够积极主动、习惯等待机会的人。C是一个聪明人，有了想法就付诸实践，没有机会就去精心创造机会，这样的人职业生涯想必会很顺利。不可否认，机遇是影响一个人职业生涯的偶然因素，但这个案例证明，偶然性的因素在有些时候是能够起到决定性作用的。

那么，在职场中，我们该如何准确把握时机呢？

第一，要善于捕捉和分析各种信息。职场信息铺天盖地，绝非每一条都对你有用，因此要判断哪些是你需要的、对你有益的。

第二，充分动用你的聪明才智分析出职场变化的趋势，主动去寻找机遇。

第三，要具备挑战机会的勇气和自信，在机遇到来时，不要畏畏缩缩。你要明白，机遇是有时效性的，"机不可失，时不再来"，它常常来得快去得也快，如果一味地患得患失，必将错失机会，离成功越来越远。

最后，请记住巴斯德的一句名言，"机遇只偏爱那些有准备的头脑。"因此，想要准确把握时机，你就要培养一个"有准备的头脑"，从知识、能力、品格等各方面完善自己，提高自己的综合素质。总之，人的一生中充满了机遇，只要你为机遇的出现做好了准备，能发现和辨别机遇，并合理地利用各种机遇，那么你离成功也许就仅有一步之遥了。

**经典语录：**

最有希望成功的人，并不是才干出众的人，而是那些最善于利用每一时机去发掘开拓的人。——苏格拉底

把握机遇时，不要忘记挑战自己，没有什么让人觉得可怕，只要你尝试冒险。——卡耐基

第八章 信念的力量：自信是成功的动力

## 不要给自己留退路

俗话说，狡兔三窟。人们也常常会说："要给自己留一条退路。"是的，退路可以使自己不至于头破血流。然而，也正是因为有了自己预留的退路，使自己在遇到障碍时，总是理智的停下来，不会勇往直前，反正我还有一条退路。正是这种思想使许多人与成功失之交臂。

很多时候，留退路只是人们逃避现实、回避困难的借口。正是这条退路的存在，让你做事时不可避免地懈怠下来，并找各种借口不努力工作，甚至对当初的目标加以否定。如果不能全神贯注、全力以赴地工作，这样成功又从何谈起呢？有些人整日将"退路"挂在嘴边，遇事又往往以为自己留了退路而感到欣慰，殊不知，如果没有这条退路的存在，你可能更顽强。

成功学大师陈安之在他著名的作品《要你成功》中说："只要你下定决心了，你就开始迈向成功。保证成功不可能，可是增加成功的机会是可以的。为什么决心这么重要，决心在英文中叫做decision，真正的拉丁文原意是cutoff，就是切断、没有退路的意思。只有在你没有退路的情况之下，你的潜能才会发挥出来。如果我们带一群士兵去打仗，突然发现自己处于弱势，将官为了求得必胜的决心，就是'不成功则成仁'的决心，他会说我们把这些粮食烧掉，或者是我们把这个桥给切断，也就是今天我们如果不赢的话，我们哪也别想去了，因为哪也没得去了，所以今天一定要赢。"陈安之的话告诉我们一个道理：要想取得成功就不要给自己留退

路，并始终怀有遇到任何困难都不退缩的决心。只有具备了这种精神，你在受挫的时候才不会因缺乏毅力而后退。

古希腊著名演说家戴摩西尼年轻时，为了使自己的演讲更能打动人，经常躲在家里练习口才。戴摩西尼深知这种练习的重要性，可他又是一个耐不住寂寞的人，因此总想出去会友、游玩。由于他难以集中精力，因此进步很缓慢。经过不断的反思和自责，他一横心，挥刀将自己的头发剃去了一半。由于顶着奇怪无比的"阴阳头"，戴摩西尼羞于见人，终于彻底打消了外出的想法，整日在家里一心一意地练口才。他一连数月足不出户，口才提高得非常快。最终，凭借极佳的口才、打动人心的演讲，戴摩西尼成了世界闻名的大演说家。

无独有偶。1830年，法国著名作家雨果与出版社签了约，承诺在半年内交出一部作品。半年实在太短了，雨果对自己的要求又很高，因此他在签约的时候心里是有些不安的。后来，他经过仔细考虑，决心在这半年的时间里，将全部的精力放在写作上。为此，他将除了身上穿的里衣以外的全部衣服锁在柜子中，然后把钥匙扔进了湖里。这样，一旦他懈怠下来，想出去走走，看看朋友和游玩一番的时候，就想到自己根本没有衣服穿，只好一心写作。在将近半年的时间里，除了吃饭和睡觉，雨果从未离开书桌，因此，他的作品得以提前两周就脱稿。而这部仅用了五个多月就完成的作品，就是世界文学史上的浪漫主义巨著《巴黎圣母院》。

在奋斗的过程中，我们难免遇到各种各样的障碍，但是它们对我们能否取得成功却并不起决定作用，因为一个人最难战胜的是自己。人，有着太多的惰性和欲望，如果战胜不了身心的疲倦、抗拒不了享乐的诱惑，即使客观条件再好，也难以走向成功。

所以，如果你想战胜自己，做自己的主人，那么不妨自断后路，让自己置身于命运的悬崖绝壁上。只有如此，你在向前奔的过程中才能不被路边的风景所吸引，才能一心一意地去跨越障碍。俗话说："绝处逢生。"在破釜沉舟的情况下，你定会生出比平时多几倍、甚至几十倍、几百倍的智慧和勇气，最终除掉一切拦路虎，让生命绽放出灿烂的光彩。

**经典语录：**

没有退路能给自己破釜沉舟的勇气，会让你取得成功。

——戴尔·卡耐基

面对一座高墙，却没有勇气翻越时，不妨先把自己的帽子扔过去。

——西班牙谚语

## 忘记失败，开始新的生活

人之所以讨厌失败，不仅是因为失败会让自己丢了饭碗，还会给家人脸上抹黑。于是，每个人都尽量想让自己离成功近一点儿，离失败远一点儿。

然而，在现实生活中，我们不可能事事都称心如意，我们总会遇到一些沟沟坎坎，甚至惨痛的失败。面对失败，一些人不去总结失败的教训，而是选择了逃避,对失败视而不见,有的更是寻找各种借口来掩饰自己的过错,结果,不得不让人为更大的失败埋单。而另一些人则坦然面对失败,积极地分析失败的原因,吸取教训,让今天的失败为以后的成功做垫脚石。

在中国,史玉柱其人可谓无人不知,无人不晓,不仅是因为他拥有巨大的财富,更多的则是因为,他在巨大的失败面前,不但没有倒下,反而还保持着冷静的心态,积极寻找新的机会,重整旗鼓,东山再起。

1989年,年轻的史玉柱硕士毕业后就决定下海经商,凭借自己独立开发的汉卡软件和"M-6401桌面排版印刷系统",史玉柱的事业蒸蒸日上,并于1991年创办了属于自己的公司——巨人公司。到1993年,随着销售额突破3.5亿元,巨人公司一跃而成为中国第二大民营高科技企业。意气风发的史玉柱把整个巨人公司从深圳迁移到了风景宜人的珠海。

和当时的企业家类似,公司业绩的突飞猛进也膨胀了史玉柱的野心,史玉柱开始重金投资生物制药和房地产领域,并于1994年修建日后为其带来噩梦的巨人大厦。联想集团总裁柳传志曾这样形容当时的史玉柱:"他意气风发,向我们请教,无非是表示一种谦虚的态度,所以没有必要和他多讲。而且,他还很浮躁,我觉得他迟早会有大麻烦。"

果然,随着国家领导人视察巨人公司,史玉柱有点飘飘然了,好大喜功的他决定将巨人大厦建成"中国第一高楼",将原本只计划建18层的大厦一下提到了78层。自此,史玉柱的巨人公司所有的资金都砸在了这栋楼上,还向银行借了大笔外债。1997年,负债累累的史玉柱终于被拖垮了,开始消失在人们的视线之中,巨人大厦也成为了中国最著名的烂尾楼之一,一时沦为笑柄。

## 第八章 信念的力量：自信是成功的动力

然而，坚强的人是不易被击倒的。经过3年的沉寂之后，史玉柱高调复出了，而且一出来就宣布要"借款"还债。史玉柱借款还债的举动立即吸引了大众的眼球，同时也博得了舆论的认可。这一举动直接让史玉柱成为了公众最富有责任感的商人之一，为史玉柱赢得了相当的知名度和美誉度。

于是，史玉柱顺应时势推出了他东山再起的第一个产品——脑白金。由于之前的铺垫做得很到位，脑白金一炮而红，史玉柱不仅凭借脑白金带来的巨大利润还清了所有债务，而且又再次回到了富人的行列。

选择逃避的人，是对失败的低头，是向命运的屈服，这样的人只能永远生活在失败的阴影中，而终生无所作为；选择面对的人，是对失败的挑战，是对命运的抗争，这样的人必定会"在智慧的指引下，走出失败的阴影，步入富足、健康、快乐的乐园"。

史玉柱的创业传奇告诉我们，人的一生就好像潮水一样，有时高潮，有时低潮。当你身处高潮的时候，不可得意忘形、骄傲自满，否则爬得越高摔得越惨，有多大的成功就会带来多大的失败。当你处在低潮的时候，不要灰心丧气，失去斗志，而是应该冷静下来，分析失败的原因，让失败的经验变成宝贵的财富，为将来的成功服务。

### 经典语录：

不要总叹息过去，它是不再回来的；要明智地改善现在。要以不忧不惧地坚决意志投入扑朔迷离的未来。　　　　——朗费罗

## 用爱拥抱每一天

语文课上,老师问同学们:"世界上最厉害的武器是什么?"同学们踊跃发言:核弹、氢弹、原子弹、中子弹等等,然而,老师却一再微笑地摇头。终于,教室静了下来,同学们都用期待的眼神望着老师,渴望知道答案。只见老师在黑板上慢慢地写下了一个字——爱!

是啊,有什么武器比爱的威力更强大呢?

"强力能够劈开一块盾牌,甚至毁灭生命,但是只有爱才具有无与伦比的力量,使人们敞开心扉。"《羊皮卷》很好地阐释了爱的力量,"我的理论,他们也许反对;我的言谈,他们也许怀疑;我的穿着,他们也许不赞成;我的长相,他们也许不喜欢;甚至我廉价出售的商品都可能使他们将信将疑,然而我的爱心定能温暖他们,就像太阳的光芒能溶化冰冷的冻土。"

爱不仅能改变周围人对你的看法,也能帮你获得更多的利益。"我爱失败的人,他们会给我教训;我爱王侯将相,因为他们也是凡人;我爱谦恭之人,因为他们非凡;我爱富人,因为他们孤独;我爱穷人,因为穷人太多了;我爱少年,因为他们真诚;我爱长者,因为他们有智慧;我爱美丽的人,因为他们眼中流露着凄迷;我爱丑陋的人,因为他们有颗宁静的心。"当你用爱心来对待他人的时候,回报你的必然也是爱心,同时还有你成功所需的业绩。

## 第八章 信念的力量：自信是成功的动力

哈姆威原本是西班牙一个制作糕点的小商贩，当他受到美国创业的移民狂潮感染时，他就来到了美国圣路易斯城淘金。然而，到了美国之后，哈姆威才发现，美国是冒险者的天堂，却并不是遍地黄金。而他的糕点在西班牙卖和在美国卖，根本没多大区别。不过，既来之，则安之，哈姆威想："既然已经来了，就不能再回去了，还是踏踏实实安下心来，卖我的糕点吧。"

然而，1904年的世界博览会彻底改变了哈姆威的一生。世界博览会是世界性的盛会，每隔几年就会举办一次，通常会有几十万的人来参观，其中蕴涵着广阔的商机。当然，哈姆威的糕点铺没资格进入会场，不过，他向政府申请在会场外面摆摊，那样，巨大的人流定会给他带来不菲的收入。幸运女神眷顾了哈姆威，他居然被政府允许在会场外面摆摊了。

世界博览会如期开幕，这里汇集了世界各地最新发明的新鲜产品，数十万的人群从四面八方赶来参加这难得一见的盛会。然而，这么多人竟然没几个愿意吃哈姆威新研制的薄饼，他的摊前门可罗雀，十分冷清。与之形成鲜明对比的是他隔壁的摊位，那是一位卖冰淇淋的商贩，不一会儿，他就卖出了许多冰淇淋，以至于他带来的用来盛冰淇淋的小碟子很快就用完了。看到如此情形，哈姆威决定帮助邻居，于是，他把自己的薄饼卷成锥形，给他盛冰淇淋。邻居觉得这个方法不错，于是就把哈姆威的薄饼包圆了。

意外的事情发生了，这种用薄饼卷冰淇淋的新型吃法，很受顾客们喜爱。结果，这种冰淇淋成为了这次世界博览会的真正明星。

世界博览会闭幕后，哈姆威就按照这样的方法制作新的冰淇淋，有了世界博览会的宣传，他的冰淇淋生意出奇地好，很快为他带来了巨大的财富。后来，经过不断的改进和演变，这种冰淇淋逐渐变成了今天的蛋卷冰淇淋。哈姆威终于圆了自己"淘金"的梦。

蛋卷冰淇淋的发明被人们称为"神来之笔"。一次爱心帮助，不仅显示了哈姆威的爱心，赢得了他人的尊重，更帮助他实现了"淘金"的梦想。但是，假如当初哈姆威没有爱心，没有把自己的薄饼让给卖冰淇淋的商贩，那么，薄饼和冰淇淋也就不可能有机会结合在一起，形成蛋卷冰淇淋的前身，他也就不可能获得巨大的成功。

在现实社会中，不仅要爱别人，更重要的要学会爱自己。爱自己不等于自私，爱自己是爱的最高境界，它要求我们"认真检查进入我们身体、思想、精神、头脑、灵魂、心怀的一切东西；绝不放纵肉体的需求，要用清洁与节制来珍惜我的身体；绝不让头脑受到邪恶与绝望的引诱，要用智慧和知识使之升华；绝不让灵魂陷入自满的状态，要用沉思和祈祷来滋润它；绝不让心怀狭窄，要与人分享，使它成长，温暖整个世界。要用全身心的爱来迎接每一天。"

有了爱这样威力无穷的武器，即使才疏智短，我们也能以爱心弥补，获得成功；相反的，如果没有爱，即使博学多识，也终将失败。所以，我们要用全身心的爱来拥抱每一天。

**经典语录：**

人只应当忘却自己而爱别人，这样人才能安静、幸福和高尚。

——列夫·托尔斯泰

我更需要的是给予，不是接受。因为爱是一个流浪者，他能使他的花朵在道旁的泥土里蓬勃焕发，却不容易叫它们在会客室中的水晶瓶里尽情开放。

——泰戈尔

## 坚持到底，成功就是你的

在印度南部，斗牛一直是深得人们喜爱的一项运动。男人们都以能战胜力大无比的公牛而自豪，因为这不仅可以赢得心爱女士的芳心，更是勇者的象征。

然而，体型庞大、力大无穷的公牛，并不是那么容易就被战胜的，它们都是从小经过严格训练、层层筛选的。据说，只有那些受到重伤后仍然坚持攻击的公牛才有资格进入竞技场与斗牛士格斗。在印度人看来，坚持不懈的公牛才是勇者，只有战胜他们，才配拥有勇士的称号。

的确，一个受到挫折就退缩不前的公牛，对于手拿长矛的人来说，太过容易战胜，它们是不可能赢得人们的尊重的。只有那些越挫越勇、坚持不懈的公牛，才会让人感到害怕，才会受到人们的尊敬。

竞技场上的公牛，向人们诠释了坚持到底的威力，而历史上许多伟人的故事则告诉我们，一个人要想获得成功，就必须懂得坚持。倘若爱迪生在经历了一千次的失败之后决定放弃，那么就不可能有照亮无尽黑夜的生命之灯；倘若林肯面对创业失败而带来的巨大债务，选择了逃避，那么就不可能有受世人称赞的《解放黑人奴隶宣言》；倘若达·芬奇没有坚持画完一千个鸡蛋，那么就不可能有让后人深深着迷的蒙娜丽莎的微笑。

彭先生在一家房地产中介公司做销售代表。有一次，一个客户看中了一套二手房，看过房子后，客户觉得户型、环境等都不错，价格也很合适，当时就下了1万元的诚意金。彭先生于是打电话联系业主，可非常不巧的是，由于业主不仅放售而且放租，业主刚刚把房子租了出去，而且他对租金很满意，所以不打算卖了。

彭先生十分想做成这笔业务，所以不断地给业主打电话，可是不管他怎样努力，业主的回答始终只有两个字：不卖。不过彭先生的客户却依旧对房子表示出很高的热情，他表示，只要业主决定卖，他就买，并且给彭先生留下3000元作为保证金。

于是，在接下来的两个多月，彭先生几乎每天都打电话跟业主保持联系。一开始，业主还礼貌性地应付几句，时间长了，业主就嫌他烦人，干脆不接电话或者直接挂电话，到后来，竟然直接骂起人来。然而，彭先生依旧没有放弃。

终于，事情迎来了转机。租房子的人因为工作关系，悔约不租了。而业主也终于为彭先生的坚持不懈深深折服，邀请彭先生来洽谈事情。由于业主没有说明要卖房子，彭先生还以为是自己打电话骚扰他太久，业主要教训他呢。于是，这一天，彭先生怀着惴惴不安的心情按下了业主家的门铃，然而，进门后，业主却说道："彭先生，其实要买这套房子的人有很多，但在我拒绝之后，就都没再来问过，只有你，一直坚持打电话，哪怕在我开口大骂之后，你也从来没有放弃过，这让我深深感动。现在，房子也没人住了，就委托你来处理吧。"

就这样，彭先生用自己的坚持换来了客户的认可，做成了这笔买卖。

彭先生的成功之处正在于他的坚持，如果当他知道房子已经租出去就不再打电话联系业主；如果他打电话给业主却招到无数次拒绝而放弃；如果他被业主骂过之后，不愿受气，反过来骂业主一顿，那么，他不仅不会做成这笔生意，更不会得到业主的尊敬。

所以，要想在竞争如此激烈的现代社会生存，就必须具有一颗坚持到底的心。也许，我们每天所做的都微不足道，似乎没有进步，但是，请相信，"每天的奋斗就像对参天大树的一次砍击，头几刀可能了无痕迹，每一击看似微不足道，然而，累积起来，巨树终会倒下。"只要抱有水滴石穿的必胜信念，那么成功就不会遥不可及。

**经典语录：**

一个人做事，在动手之前，当然要详慎考虑；但是计划或方针已定之后，就要认定目标前进，不可再有迟疑不决的态度，这就是坚毅的态度。

——邹韬奋

只要持之以恒，知识丰富了，终能发现其奥秘。

——杨振宁

## 抱怨的世界没有希望

虽然人人生而平等，但现实生活中却似乎完全不是这样。有的人有良好的家境，不用自己怎么奋斗，工作、房子、车子都有了；而有的人苦苦追求，却常常得不到应有的回报。

面对这些不公平的现象,人们都会有或多或少的怨言。但不同的是,有的人很快就会遗忘,坦然接受现实;有的人却只是不住地抱怨。坦然接受现实的人,人们愿意帮助他,他会很快振作起来;而喋喋不休抱怨的人,不仅解决不了事情,反而让自己的心情变得很糟,始终处于愤怒的情绪之中,事情也会进一步恶化。更重要的是,抱怨多了,人们开始怕与他们交往,甚至厌烦他们。

看过《大话西游》的朋友们肯定对喋喋不休的威力都有很深的印象。在《大话西游》中,唐僧被塑造成了一个喋喋不休的人,不仅如此,他更是有自己的一套逻辑,让人听多了他的话,连自杀的想法都有。当然,这是电影虚构的故事,但现实生活中,因喋喋不休的抱怨而命运殊途的事情常常发生,而且还屡见不鲜。

2008年底,台湾鸿海集团宣布,受到全球金融危机的影响,决定裁员3%—5%,并且在公司内部公布了裁员名单。古丽和张佳也在裁员名单之中。她们还被告知,一个月内必须离岗。

看到这份名单,古丽和张佳当时都差点哭出来。毕竟,能在台湾最好的电子集团上班,那是可遇而不可求的事,但是现在她们被告知一个月后必须离开,换作是谁,都难以接受。

第二天,古丽带着红红的眼圈来上班了。显然她昨夜哭过了,而且现在的情绪依然激动,见谁都没好脸色,逮谁就哭,还一面哭,一面说:"为什么裁我啊?我干得好好的,凭什么把我裁掉?我做错什么了?这对我太不公平了……"她不仅跟同事哭诉,还跑到主管那里哭天喊地。看到她这样难过,同事们都不知所措,虽然都很同情她,但是又不知该怎样安慰她。而古丽自己每天也只顾哭诉了,连自己分内的工作都不做了。古丽本是人缘很好的人，刚开始，还有同事听她哭诉后，还找领导求情，但到后来，同事们都怕和她接触，怕她那喋喋不休的哭诉，甚至到后来，竟然有点讨厌她了。

而张佳则不同，虽然在裁员名单公布后，也哭了一夜，第二天也是带着红红的眼圈上班的，但与古丽不同的是，张佳还带着与平时一样的工作态度。她没有怨天尤人，而是一如既往地工作，打资料、复印这样分内的工作一样都没有耽误，甚至平时做的一些分外事，现在因同事同情她，而不让她去做，她也主动揽了过来。面对同事的惋惜的目光，她总是报以微微的一笑，并说："是福不是祸，是祸躲不过。反正已经这样了，倒不如踏踏实实干好这一个月，以后怕是再没有这样的机会了。"

一个月很快过去了，古丽没有因为自己的抱怨而被公司留下，而一句也没有抱怨的张佳却意外地留了下来。对此，主管传达了老总的话："像张佳这样的员工，任何一个公司都不会嫌多。而她的岗位，谁也替代不了。"

面对裁员，古丽选择了喋喋不休的抱怨，于是整天什么事都不做，只有抱怨，然而，喋喋不休的抱怨不仅改变不了她被裁的命运，反而给同事们留下了不好的印象；而张佳面对裁员，采取了"无为"的做法，听之任之，每天坚持做自己以前的工作，这份从容淡定，不仅打动了公司的每一个同事，连老总也看在眼里，记在心上，于是张佳的留下也就顺理成章了。

人的一生就好像在海上航行，有风和日丽，也有风雨交加。风和日丽的时候，我们大可固定好航向，踏上甲板懒洋洋地晒太阳，或是欣赏海里自由自在游逛的鱼儿。而风雨交加的时候，我们也不必慌张，稳稳地掌好舵，从容淡定地面对前行的方向。即使暴风雨把船儿击得粉碎，只要手边还能抓住一块木板，我们也不要轻言放弃，只要还活着，就有希望。但是倘若我们遇到风雨交加，只是不住地抱怨，而不去做任何挽救工作，哪怕离陆地只有一米的距离，那么这一米极有可能是通往地狱的距离。

因此，敞开胸怀，坦然面对生活和工作中的困境吧，只有这样，你才会处乱不惊，才能在人生这条没有回头路的航线上一往无前。

**经典语录：**

人生是不公平的，习惯去接受它吧。请记住，永远都不要抱怨！

——比尔·盖茨

戴尔·卡内基先生的30条沟通人际关系原则中，第一条就是：不批评、不责备、不抱怨。抱怨会让我们陷入一种负面的生活、工作态度中，常常在他人身上找缺点，包括最亲密的人。不抱怨的人一定是最快乐的人，没有抱怨的世界一定最令人向往。

——卡内基训练负责人黑幼龙

## 学会控制自己的情绪

一位年轻人和一位老人一同在岸边钓鱼。

时间过去了一段之后，令人奇怪的是，老人的渔筐里装满了银光闪闪的鱼，而年轻人的鱼筐里却空空的。年轻人迷惑不解地问老人："我们钓鱼的地

## 第八章 信念的力量：自信是成功的动力

方相同，您也没有用什么特殊的诱饵，为什么我却一点收获也没有呢？"

老人微笑着说："你太浮躁，情绪也不稳定，动不动就烦躁不安。钓鱼最需要的是耐性。我只是静静地守候，而你却时不时地摇动鱼竿，叹息一两声。我这边的鱼根本就感觉不到我的存在，所以它们咬我的鱼饵，而你的举动和心态把鱼吓走了，当然也就钓不到鱼了。"

更多的时候，我们输给对方的原因不是因为我们外在的条件比他们差，而是因为我们没有调整好心态，让纷乱的情绪主宰了自己。

人是自由的，有理想，能思考，有七情六欲，这种种因素时刻影响着我们的情绪。而各种各样的情绪又会自然不自然地体现在我们为人处世之中。每个人每天都要面对许多不同的人和不同的事。当你用积极、善意的态度对待他人时，那么他人必将还你以积极、善意的态度；而当你用消极、恶意的态度对待他人时，那么他人还给你的也必然是消极、恶意的态度。

我们在对待这一切人和事时，怎样才能使自己有一个健康、积极的心态呢？这就需要我们具有情绪调控的能力，能够在内心深处保留一块平静而独立的空间。

弱者任情绪控制行为，强者让行为控制情绪。学会控制自己的情绪，不仅能让你每天幸福快乐，更可以帮你赢得他人的尊重和事业的成功。

林肯是大家再熟悉不过的人物了。有一天他正在白宫处理文件，这时，陆军部长斯坦顿气呼呼地走了进来，向林肯诉冤。原来，一位少将竟然用侮辱性的语言指责他偏袒下属。于是，林肯建议他可以写一封语调尖刻的信来回敬那位少将。

斯坦顿觉得这个主意不错，就立刻写了一封措辞尖刻的信。写完后，

他把信拿给林肯看。"不错！不错！"林肯连声称赞，"就这样写，得好好骂他一顿，写得太棒了！"

听了林肯的赞叹，斯坦顿就把信放进信封，转身离开，准备把信寄出去。可是，林肯却叫住了他："你干什么去？"

"寄信啊。"斯坦顿一脸茫然。

"回来！不要胡闹！"林肯大声斥责他说，"这信不能发，赶紧把它扔到火炉里去。生气时写的信，怎么可以寄出去呢？那样只会徒增矛盾而已。我叫你写信就是要你在写信的过程中消气啊。我以前生气时，都是这样做的。现在你感觉一下，还有刚才那么生气吗？"

果然，斯坦顿觉得自己已经不再生气了。

许多伟大人物和成功人士都是控制情绪的高手，情绪在他们手里变成了一件重要武器，帮助他们从容地处理事情、对待他人。而普通人则大多做不到这一点，常常被情绪牵着鼻子走，变成了情绪的奴隶，结果不仅给自己带来很多麻烦，甚至还会危及到他人的利益。

邢磊是一家公交公司的客运司机。对待工作，他勤勤恳恳、任劳任怨；对待朋友，他为人仗义、十分豪爽。因此，邢磊的人缘很不错，可是他有一个毛病：太急躁。平时还好，但是只要家里有事，或者朋友有事，他就变得急躁起来，总想快点下班，然后去处理自己的事情。这时候，他开起车来，就十分地快，甚至有时候，还把车开得左摇右摆的。乘客对此常常抱怨，投诉信也一封接一封寄到了公司。

老板虽然也很喜欢邢磊，但是无奈乘客投诉太多，他不能拿乘客的生命开玩笑啊。于是他把邢磊叫到办公室，说："小邢啊，你开车时别想其他事儿，别太心急，不然一车的乘客出了问题怎么办？今后，要多加注意啊！"

然而，老板的教导并没有让邢磊警惕起来，他开起车来，还是心急，一急就快。俗话说："常在河边走，哪能不湿鞋。"没多久，邢磊的车就与别的车追尾了，他也因此被老板狠狠地批评了一通："还好这次事故发生在偏远地段，没有造成人员伤亡和太大的损失。要是在市区，那后果可就严重了。你说说你啊，怎么就不能控制一下自己急躁的情绪呢？你要还是这样，以后肯定会出大事啊。"邢磊不服，认为是刹车系统有问题。于是，车被拖到修理厂检查，结果，刹车系统没有一点问题。这下，邢磊没有话说了。老板语重心长地对他说："小邢啊，我很喜欢你，除了这个毛病，其他什么都好。可是，你要是不控制好情绪，将来出了事，我也保不住你啊。"

然而，一个月后，邢磊的车再次追尾，而且情况比上次要严重得多。为了避免不良影响，老板不得不开除了邢磊。

自控能力强的人，处理问题时，能做到不骄不躁，其结果往往可以如愿以偿；自控能力差的人，处理问题时，总是心烦气躁，其结果自然是一塌糊涂，到最后只能是一事无成。

因此，作为成年人，不能像邢磊那样做情绪的奴隶，而是应向林肯学习，把情绪牢牢控制在自己手中，这样，你才会拥有成功的一生。

**经典语录：**

自我控制是最强者的本能。——萧伯纳

愤怒对别人有害，但愤怒时受害最深者乃是本人。——列夫·托尔斯泰

## 加倍重视自己的价值

亲爱的读者，你有没有想过一颗麦粒的未来？

也许它会被装进麻袋里，等待着被喂猪；或许它会被磨成面粉，做成面包；又或许它会被撒在土壤里，孕育出新的生命。不同的做法，麦粒的价值是不一样的，孕育出新生命的麦粒肯定比被喂猪或者做成面包的价值要高得多。

不管是被喂猪，还是做成面包，还是当作种子，麦粒都无法选择自己的命运，因此它无法决定自己的价值高低。但是，我们人类则不同，我们可以选择自己的命运，我们可以让自己的价值成倍地增长。不管是公司老板，还是政坛要人，或者科学巨人，只要我们加倍重视自己的价值，这一切都将不会是梦。那么，请从现在起就加倍重视自己的价值吧！

弗洛伊德曾说过："人生就好比弈棋，一步失误，全盘皆输，这是令人悲哀之事；而且人生还不如弈棋，不可能再来一局，也不能悔棋。"所以，我们首先必须为自己树立一个明确的目标。在制定目标的时候，可以参考过去最好的成绩，使其发扬光大。永远不要怕目标过高过大，正如高尔基所说："一个人追求的目标越高，他的才力就发展得越快，对社会就越有益。"

有了目标，就要努力地去实践。如果幸运地得到重用，那么我们的聪明才智就可以很快带来价值。然而，事实上，在你的聪明才智没有被认可前，被重用的可能性往往较低。这时候，我们必须自己先重视自己，坦然

## 第八章 信念的力量：自信是成功的动力

面对不被重用的现实，承担更多的工作和责任，加倍地发挥自己的聪明才智，这样，同事会对我们刮目相看，老板会对我们提拔重用，社会也会给予我们认可和赞同。

野田圣子37岁就被任命为日本邮政大臣，不仅是当时最年轻的内阁成员，更是唯一一位女性大臣。野田圣子的成功并不是因为她是前运输大臣野田卯一的孙女，而是依靠自己的艰苦奋斗得来的。她年轻的时候甚至还做过清厕员工，喝过自己清洗的马桶里的水。

那一年，圣子还在上大学，暑假的时候来到日本有名的百年饭店——帝国饭店打工，但是很不幸，她被派去打扫厕所。为此，她总是抱怨，心想："我一个堂堂大学生，这种活是我干的吗？"抱着这样的心态，她工作起来没有一点干劲，而且总觉得厕所里边脏兮兮、臭烘烘的。所以，没几天，她实在受不了，就决定辞职。

当她正准备去辞职时，突然看见旁边一个干了很久的清洁工拿着杯子从马桶里舀了一杯水后喝了下去，这一幕让她惊讶不已，便问了起来："你不至于这么渴吧？连马桶里的水也喝？"这时候，清洁工说了一句让圣子终身难忘的话："我喝马桶里的水，是因为我对我打扫过的马桶非常有信心，我打扫的马桶的水一定可以喝，我有这个信心。"这句话让圣子深深震撼，她不禁反思起来："一直以来，我总把自己当作是不可一世的大学生，抱怨这个，抱怨那个，可是连这个前辈都不如，她清洗的马桶，都可以喝水，而我呢？只是一味地在抱怨，连马桶都清洗不干净。"她觉得很惭愧，于是她决定不辞职了，而且还给自己立下了一个目标：一定要把马桶刷到可以喝水的境界。

后来，野田圣子真的达到了这个目标，而且，通过这件事，她认识到

就算没有被老板重用，也一定要自己先重视自己，让自己的价值加倍体现出来。终于，她在政坛上获得了成功。

如果野田圣子没有意识到重视本职工作的意义，那么她就不可能清洗好马桶，更不可能让自己的价值加倍体现出来，当然也就无法获得政坛上的成功，说不定到现在，也和普通大学生一样过着朝九晚五的生活。

因此，不管别人怎么看待我们，我们首先一定要重视自己，不仅要做好本职工作，还要发挥余热，加倍体现自己的价值。"一颗麦粒增加数倍以后，可以变成数千株麦苗，再把这些麦苗增加数倍，如此数十次，它们可以供养世上所有的城市。"难道我们还不如一颗麦粒吗？所以，请加倍重视自己的价值，踏踏实实地将目标付诸实践吧，总有一天，世界必将为我们的伟大而惊叹不已。

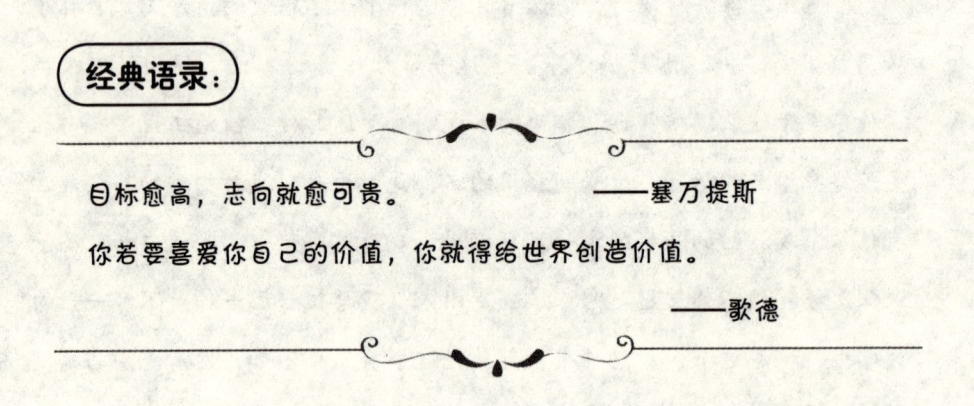

**经典语录：**

目标愈高，志向就愈可贵。　　　　　——塞万提斯

你若要喜爱你自己的价值，你就得给世界创造价值。

——歌德

# 第九章
CHAPTER 9

## 要忠厚也要有谋略：完美的处世策略

也许你听说过这样一句话:"刻薄不赚钱,忠厚不折本。"

不错,忠厚一直是中华民族引以为傲的良好传统。更何况是在以诚信为本的现代社会,忠厚在人们的生活、工作中有着十分重要的作用。如果一个人连最起码的诚信都没有,那么他将注定一事无成。

但是,鲁迅先生却认为:"忠厚是无用的别名。"鲁迅先生决不是劝人们向恶,只是劝诫人们要活得聪明。曾经有人说过这样一句话:"如果你有权势,就用权势去压倒对手;如果你有金钱,就用金钱去战胜对手;如果你既无权势,又无金钱,那就得运用谋略。"

身处在这样一个竞争如此激烈的现代社会,我们必须同时学会忠厚和谋略,只有这样,才能处变不惊,获得成功的人生。

## 不要显得比上司高明

古人云:"伴君如伴虎。"意思是说,在侍奉君王的时候,一定要时

## 第九章 要忠厚也要有谋略：完美的处世策略

时刻刻注意君王的想法，千万不要让君王下不了台，否则，你就很可能有生命危险。要知道，君王也是人，他也有心情舒畅或者抑郁的时候。心情舒畅时，你说得再难听，他可能都不会介意；心情抑郁时，你说再好听的话，他可能会觉得你在讽刺他。这时候，君王与普通人的区别就体现出来了，你得罪了普通人，不会有生命之危，然而你得罪了君王，后果可就严重了。历史上这种例子有很多，这其中，"杨修之死"是最为著名的。

杨修是三国时期曹操众多谋士中最为聪明的一个，但是他智商虽高，情商却很低。杨修凭借着自己的聪明才智，一次又一次地读懂了曹操的心思，然而他却没读懂曹操的性格。他不知道曹操猜忌心强、心胸狭窄，一再地把曹操的想法告诉众人，为自己埋下了一颗定时炸弹。曹操这时候虽然没有称王，但是他"挟天子以令诸侯"，俨然如天子一般，他已经不允许别人随便看穿自己的心思，更不允许别人为自己代言。因此，当杨修又一次触犯他时，他终于以"泄漏机密，私通诸侯"的罪名将他处死了。杨修之所以被处死，是因为他没有摆正自己的位置，凭借着自己的小聪明，随便替曹操传话，所以才招致了杀身之祸。

在古代官场如此，在现代职场也是如此。上司就好比君王，他的位置决定了他不喜欢被下属看穿，不喜欢下属替自己代言。职场的成功人士大多精于此道，而有些人却不明白，仗着自己的小聪明，总喜欢揣摩上司的心思，然后公之于众，以此来显示自己的高明。然而，他却不明白每一个人都有自己的角色，都应该摆正自己的位置，规规矩矩地做自己该做的事情，而不应该随便替别人说话，随便替别人做事，尤其当这个人是你的上司时，更应该注意。随便替上司说话、替别人做事的结果只有一个，那就是被辞退。

张小姐原本是这个跨国集团的普通员工，但是经过几年不懈奋斗，她现在终于成为这家集团青岛分公司的公关部经理。新官上任三把火，张小姐决定在即将到来的年会中好好表现一番，以博得高层的信任，获得到总公司发展的机会。

年会开始前，张小姐提前到场，打扮非常漂亮的她周旋于四方宾客之间，幽默的语言、出色的业绩把宴会的气氛带动得十分热烈。年会正式开始后，由张小姐作主持，负责介绍各位致辞的领导和嘉宾，她并没有独立发言的权力。然而，当轮到她的上司，即青岛分公司的李总经理致辞时，她竟然先说了一番感谢词。话虽然不多，但有僭越之嫌，这让总公司的高管十分反感，李总经理也觉得十分尴尬。

此外，在整个年会过程中，总公司的领导们发现她在提及公司业务时，总是以个人观点发表看法，完全没有提到她的上司的观点。这让人觉得她好像才是青岛分公司的总经理。

年会结束后的第二天，总公司及分公司主要领导例行会议中，就青岛分公司的一些问题展开了讨论，大家都觉得李总经理有渎职之嫌。当时，李总经理就暗下决心，一定要惩治张小姐。终于，张小姐因为一件小事，被李总经理抓住了辫子，给辞退了。

现实生活中，像张小姐这样聪明反被聪明误的例子有很多。究其原因，大多都是因为没有摆正自己的位置，不是自己的权限范围的事情，却非要插上一手，借此来显示自己的能力之强，希望得到上司的赏识。殊不知，这却犯了众忌。如果这事情本该由同事负责，而你却先他一步做了，同事可能会认为你在抢他的饭碗,所以肯定会对你处处设防,甚至可能向上司告你的状,"众口铄金,积毁销骨",这时你就危险了。而如果这事情是由你的上司负责的话,那就更糟了。也许你认为自己是在替领导分忧,但是,你把上司的事情都做了,你让上司做什么呢?你这样做不仅不会让上司觉得你能力强,反而会让他觉得你不尊重他,甚至会觉得你在觊觎他的位置。所谓"枪打出头鸟",这颗子弹注定是要打到你的身上了。

人生就像一出戏,每个人都有自己的角色。你只要演好了属于自己的角色,那么不仅会受到观众的好评,也会获得下一出戏的邀请。倘若你僭越了自己的权限范围,强行去演本不属于自己的角色,那么同台的演员们会认为你爱出风头,抢自己饭碗,因此你就会被孤立起来,不仅这出戏演不好,也不会再有别的戏来邀请你。

因此,我们在日常工作和生活中,一定要掌握好这个度,不要总表现得比别人高明,而是应该把握好自己的位置,踏踏实实做自己的事情。这样,同事会觉得你好交往,领导会觉得你稳重,你的工作和生活才会一帆风顺。

**经典语录:**

鸟也是能飞的,但它永远也飞不到鹰的高度。

——列宁

## 看清阴谋再伺机行事

狮子是森林之王，它凭借锋利的爪牙、如风的速度、持久的耐力和震耳欲聋的吼声已经统治这片森林很久了。然而，再强大的狮子也要服从自然界的规律，它一天天变老了，失去了如风的速度和持久的耐力，觅食变得越来越困难。于是，狮子想了一条妙计：它决定装病。当森林里的野兽都来看望"病倒"的狮子时，狮子却报以血盆大口。然而，聪明的狐狸却从狮子洞口只进不出的脚印了解到事情的真相，于是它把狮子的诡计告诉了其它野兽。没过多久，年迈的狮子终于饿死在洞中。

普通的野兽听闻狮子病倒，便忘记狮子以前吃他们同伴的恶行，只想着巴结、讨好狮子，于是纷纷前往狮子洞看望狮子，终于导致了被吃的结果。聪明的狐狸则根据洞口的脚印识破了狮子的诡计，从而逃过了被吃的灾难。

动物界如此，人类社会更是有过之而无不及。几乎每个人的身边都会有这样的人：他们平日里对你恭维有加，称兄道弟，在你需要帮助的时候会毫不犹豫地伸出援手，一旦得到你的信任，他们便撕掉脸上的假面具，背弃自己的诺言，不惜以牺牲你为代价来达到自己卑鄙的目的。当你发现真相的时候，一切都已经晚了。

所以，在遇到这类人时，必须采取理性的态度，时刻提高警惕，认真地观察他们的行为，注意他们的一举一动。这样，他们的阴谋诡计才难以

## 第九章 要忠厚也要有谋略：完美的处世策略

得逞。当我们看清这种人的狡猾举动，洞悉他们的目的时，就可以采取有理、有力、有节的反击，击败狡猾的对手。

康强是一家大公司的销售人员。每天奔跑于城市的各个角落，还经常出差到外地去见客户，虽然忙忙碌碌，每天累得要命，但是他的业绩仍是不见起色。

不过今天晚上，康强一副兴高采烈的样子回到家，对妻子说："我刚跟客户唱歌去了，你猜猜客户是谁？是A公司的业务部张经理啊。"同在一个公司上班、身为主要产品销售负责人的妻子听到这个消息后，也很是高兴。

接下来的几天，康强跟张经理的关系一下子近了不少，颇有相见恨晚的感觉。张经理还很爽快地答应照顾康强，从康强那里买了不少产品。康强的业绩就像坐了直升机似的，直线上升。有了A公司的强大支持，康强的心里美滋滋的，连做梦都会笑出声来。

这一天，康强接到张经理的邀请，来到他们常去的酒吧。刚开始，张经理只是闲聊，但是过了一会儿，张经理开始问起康强妻子的工作情况，还有意无意地问起他们公司主要产品的一些机密问题。康强开始感觉到不对劲了，在以往，他们闲聊的时候根本不会谈工作的事情，而今天，张经理似乎总想把话题扯到这上面来。由于跟公司签有保密条款，所以康强并没有就张经理问的事情有所答复，而是机智地岔开了话题。

回家后，康强把这件事告诉了妻子，妻子也怀疑起来，还说一定要好好调查一下。第二天，经过一番调查，康强终于明白了张经理的目的。原来，A公司准备生产一种产品，这种产品与康强妻子负责的产品功能极为相似，张经理就是想通过康强了解该产品的相关机密。

得知张经理的用心之后，康强决定揭露他的卑鄙行为。于是，这天在接到张经理的邀请之后，康强应约而来。果不其然，张经理先是从他对康强的照顾说起，然后又给予了一番好处，只是希望康强透露一些机密信息。这时，康强果断地拒绝了张经理的无理要求。二人不欢而散。

没有了张经理的照顾，康强的业绩一落千丈，同事们都说他傻，但是事实证明，康强的做法是正确的。没过多久，康强被提拔为销售主管。而张经理因为窃取别的公司机密的事情东窗事发，被判了刑。

故事中，康强并没有因为张经理与自己的"感情"而丧失理智，而是在看出对方狡诈的诡计之后，果断地拒绝了他的要求。虽然失去了千辛万苦"找到"的客户，但是却换来了老板的重视，得到了名利双收的结果。

其实，骗子们的诡计很简单，无非就是利用人们爱占小便宜、迷信的心理，从而骗取钱财。所以，当我们遇到"天上掉馅饼"的好事时，千万要把持住，不能轻信他人的诡计。当我们遇到灾难时，不能自暴自弃，任其自由发展，更不能相信迷信，找所谓的算命先生来指点迷津。这样，极有可能被他人算计。遇到这样的情况，我们应该冷静分析，观察他们下一步的举动。如果他时时刻刻惦记着你的财物，或者别有所图，他总会露出一些蛛丝马迹，这时候，我们就要根据这些线索，伺机行事。

普通人看不到事情的本质，往往被他人善意的微笑所迷惑，最终难免受到伤害。聪明人则不同，他们可以透过事情的表象看到本质，预见到危险，从而避开危险，甚至反击敌人。

> **经典语录：**
>
> 过去让人懊丧，未来让人彷徨，在左右为难、进退两难的情况下，最好的选择，是扮演好当下的角色，隐忍着做好手中的事情。
>
> ——佚名

# 学会说"不"

帮助朋友是一种美德，但同时也要考虑自己的能力。如果朋友所求之事在我们能力范围内的话，那么我们当然是竭尽全力。但是如果所求之事，在自己的能力之外，或者说这件事情不合情理，那我们又该怎么办呢？是硬着头皮去做，还是毅然决然地拒绝呢？

我们先来看一下下面这两个小故事：

刘丽家新添了一辆电动自行车，为的是购物和接孩子上下学方便。不曾想，这台辆动车却给自己带来了麻烦。

这一天，刘丽正在家看电视，电话铃响了。原来是邻居张洁想借她家的电动车去买东西，刘丽也没犹豫，很爽快地答应了她。没想到，张洁借电动车借上瘾了，隔三岔五地就向刘丽借，不是去交电话费，就是去购物，有时候，甚至在刘丽午睡的时候打来电话，语气还很强硬，仿佛电动车是她家的，只是暂放在刘丽家似的。这一次，张洁还了车后，也没说车子坏了。刘丽直到用时，才发现脚蹬子坏了，为此，刘丽十分郁闷。

刘丽心肠好，不懂得如何拒绝别人的请求，但是她又实在很烦张洁的这种行为，想来想去，没有好的办法，只得把电动车折旧卖了。本来很要好的邻居，也因为这件事儿而闹得彼此都很不愉快。

一天，老张的同事李某来到他家，请老张帮忙用电脑制作一个公章。老张深知事情的严重性，虽然李某只是想用公章为正在招人的女儿蒙骗过关，但如果出了事，老张一定难辞其咎。但要是不答应，毕竟十几年的同事，这面子上都互相过不去。思前想后，老张在认真倾听完李某的要求后，还是委婉地拒绝了他。老张表示，尽管自己工作很忙，但其实很乐意帮他这个忙，只是由于自己电脑的操作水平有限，这电脑刻章又必须由专业人士才能完成，因此建议他到专业刻章的店里去问问看。老张还说以后一定要加强电脑知识的学习，这样以后再遇到这样的事情，就可以帮忙解决了。经过老张这么一说，李某并没有生气，也明白这种事儿不能强求，所以也就没有难为老张了。这事儿过后，老张和李某的关系还和从前一样，并没有因为老张拒绝了李某的要求而恶化。

这两个故事，由于主人公不同的做法，产生了两种截然相反的结果。刘丽碍于面子，不好意思拒绝邻居借电动车的一再要求，最后没办法，只得卖掉电动车，更令双方难堪的是，他们的关系也随之恶化了。而老张在得知同事的不合理要求后，委婉地拒绝了同事，不仅没有造成双方关系的恶化，反而达到了教育李某的结果。

在复杂的人际关系中，人们总会面对来自亲朋好友这样或那样的不合理要求。这些要求之中，有合理的，也有不合理的。大多数人认为，有所求就应该有所应。于是，或者为了顾全双方的面子，或者为了讨好上司、同事、好友、亲戚，人们不得不勉强答应，这样就给别人造成了一种假象，那就是：你乐于做这样的事。于是，他们就会一而再，再而三地来找你，久而久之，这就给自己造成了极大的身心负担。所以，如何说"不"，如何拒绝他人，就成了一种哲学。虽然说"不"，有时会使人尴尬，但却可以让对方明白，自己不是不帮，而是力有未逮。

总之，适时地说"不"，拒绝做那些自己不想做的事情，不仅不会造成双方关系的恶化，有的时候还会收到意想不到的效果。要知道，人不是万能的神，不可能有求有应，即便是神，也不可能有求必应。

**经典语录：**

成功的人都是那些敢于说真话的人，我们要善于接受，也要敢于拒绝，做一个真实的自己，才活的坦荡无悔。　　　　　　——佚名

## 功成身退，见好就收

"飞鸟尽，良弓藏；狡兔死，走狗烹。"这是一句流传千古的名言。

意思是说：把鸟打尽了，打完了，那良弓就没有用处了，兔子已死，那狗也没用了，不如烹了吃了。就是指一个人失去了利用价值，就被杀掉或者落下个比别人更惨的下场。春秋时期的范蠡就是功成身退的典范。

我国古代哲学家老子在其《道德经》中也曾说："持而盈之，不如其已；揣而锐之，不可长保。金玉满堂，莫之能守；富贵而骄，自遗其咎。功遂身退，天之道也。"持德之人要求圆满，倒不如停止这种想法；捶打尖锐的锋芒，很难得保其长久。金玉满了屋，谁能万世守得住；富贵之后骄横，实是自招灾祸。事业有成之后，就该退出历史舞台，这样才符合自然的规律和道理。

事实上，能做到"功成身退，见好就收"的人实在太少。美国心理学家马斯洛认为，人类的需要是分层次的，由高到低分别是：生理的需要、安全的需要、社交的需要、尊重的需要、自我实现的需要。当生理、安全、社交这些低层次的需要都已经达到之后，人们开始渴望被尊重和自我实现的高级需求。当人们被别人接受，被认可的时候，也就获得了别人尊重。但是，这时候，问题出现了，人们发现自己很难达到自我实现的高度了。

这是为什么呢？原来，当人们得到别人的尊重的同时，也得到了别人的敬畏。这时候，如果你只是一味地表现，而不顾环境的变化，那么，成功的那一刻就是失败的开始。

张先生是一位普通的"小基民"，他玩基金的目的很简单，仅仅是为女儿赚足留学的钱。张先生的基金投资思路也十分简单，那就是：小心谨慎，见好就收。正是这种简单的投资思路，让他成为了一个成功的趋势投资者。

## 第九章 要忠厚也要有谋略：完美的处世策略

两年前，张先生一直很苦恼，因为女儿想大学毕业后出国留学，但是出国留学的费用十分昂贵，到现在，张先生还差10万元。于是，张先生选择了基金投资，想以此来筹集女儿出国留学的资金。

2007年3月初，张先生用10万元买了两支股票型基金。由于以前没接触过基金，所以，张先生最初的想法是：只要亏损超过了5%，就马上卖掉，不再做投资了。没想到，一个多月后，两支基金的平均收益就达到了10%左右。到了5月份，张先生又将余下的10万元也投在了基金上。

正当张先生的投资热情与全国基民一样空前高涨的时候，2007年"5·30"股市大跌突然爆发了。短短一个星期，张先生就亏损了近5%。张先生当时就想，在"5·30"股市大跌中，基金并没有幸免于难，而是随之跌了下来，虽然仅是小幅下跌。但张先生考虑到他的基金投资并没有亏本，而且还有不少盈余，所以决定等几天再看情况。

到了9月份的时候，张先生原本投资的20万元已经变成了30万元。不到半年时间，张先生就达到了他当初玩基金的目标，赚足了女儿出国的钱，张先生非常高兴。所以，几经考虑，他就将基金全部赎回来了。张先生说："再买下去，极有可能会赔本，毕竟已经涨了那么多了，咋能一直涨呢！"果不其然，没多久，基金开始全面大跌，许多基民都赔了不少，而张先生则因为理性的投资幸免于难。

张先生是一位幸运儿，因为自己的理性投资，躲过了基金大跌的灾难。然而更多的基民则是不幸的，他们大多都属于感性投资，看到涨了便大肆买进，跌了的时候，又抱有侥幸心理，认为还会涨回来，于是深陷其中，不能自拔。细细分析一下，就可发现，张先生投资基金的目的很简单，只是为了挣得女儿出国留学的学费，所以当这个目的达到之后，便见

好就收，全部提现了。而其他人则不同，他们赚了钱后，不是见好就收，而是想获得更多的利益，于是赔本也就在所难免了。

理财如此，职场亦然。人们在达到自己的目的之后，一定要见好就收，而不是得意洋洋，骄傲自满。长此以往，就会脱离群众，成为孤家寡人。

小张大学刚毕业，凭借出色的面试和名牌大学的出身，很顺利就进了一家知名企业。由于同事的帮助，再加上自身勤勤恳恳的工作态度，小张的工作业绩十分出色，他也很快受到了领导的赏识和重用。同事们都说小张很快就要升迁了，小张嘴上说着"怎么会啊？我才刚来半年啊"，其实心里早已乐开了花。

果然，没过多久，小张被提拔为业务主管。这下，小张觉得自己了不起了，开始不把以前帮助自己的同事放在眼里了，甚至还对他们颐指气使，总是数落他们这做得不好，那做得不对，一点谦虚的态度都没有。小张的同事们十分气愤，终于联名请求领导撤掉小张。为了平息众怒，领导开除了小张。

小张因为升迁，失去了理性，忘记了曾经一起奋斗的同事，他选择放弃同事，同事也选择了放弃他。小张肯定听过"水能载舟，亦能覆舟"的故事，但是他没有做到水舟和谐，共同前进，所以，小张被开除的结果也就再正常不过了。

大多数人在获得一定的成功之后，往往会得意忘形，或者忘记了曾经共同奋斗的战友，或者脱离了普通群众，或者骄傲自满、停滞不前，更有甚者连自己的老板都不放在眼里，这样做的结果无异于飞蛾扑火。而智者在取得成功之后，表现出来的是一份从容不迫，既不会轻视同事，也不会自命不凡。在同事眼里，他们依旧是昔日并肩作战的战友；在上司眼中，他们不会成为自己的压力。所以，他们定能获得更大的成功。

**经典语录：**

退得妙恰如进得巧。

一旦获得足够的成功——即使尚有更多的成功——便要见好就收。联翩而来的好运总是可疑的。

——佚名

## 示弱也是一种艺术

从小到大，父母一直都要求我们成为"最好的那一个"——读书时成绩要求是最好的那个，工作后要求自己也应是同学中最快的那个，一旦他们知道自己的某某同学比自己混得好，就总是说：看人家……

一直以来，似乎也习惯了这种方式，总要自己做得最好，做第一。然而，山外有山，楼外有楼，在这个竞争激烈的社会中，过分要强带给自己的只是无尽的压力。争做最好的想法让人劳累、紧张、心绪不宁，最终搞得自己疲惫不堪，失去了生活的乐趣。

放松心情，回过头来想一想，争强好胜的目的是什么呢？无非是想体现自己的价值，使自己生活得幸福快乐，然而真正的完美和绝对的"最好"是不存在的，而恰到好处的示弱可以展示你的从容、优雅，流动着你无与伦比的自信。正因为你相信自己的能量，你深信不会因为示弱而减损自己的能量，你才敢于示弱，敢于展示自己的不足。当你懂得示弱的时候，你的心灵会变得更柔软，心态会变得更健康。

一家著名集团公司的老总曾说过这样一句话：争做第二。细想起来，这争做第二的思想境界不可谓不高明。要知道，第二不是在最前面，就不会树大招风。俗话说枪打出头鸟，别人瞄准的目标都是第一，第二可以从容地应对别人的进攻，当第一被"群起而攻下"的时候，第二已做好了一切迎战的准备，不但保全了自己，还给自己赢得了发展时间和空间。

争做第二看上去是一种示弱的表现，但这种示弱也许并不是真的弱，而是一种哲学，一种艺术。

李伟大学毕业后，很幸运地进了一家机关做秘书。由于专业对口，再加上工作时的努力，李伟工作起来非常轻松，领导交代的任务，他总能出色地完成。出色的工作成绩和认真的工作态度让领导对他十分满意。所以，尽管来单位没多久，李伟却受到了领导的器重。此外，精力充沛的李伟，也常常往杂志、报纸上投稿，挣一些外快。

然而，在李伟风光无限之时，麻烦却随之而来。有些在机关工作了十几年却仍在原地踏步的同事经常讥讽他，说："小李，又有稿费了？我说你这眼睛怎么又红了啊，是不是昨晚又熬夜写稿子了？唉，挣这点稿费多不容易啊！"不仅前辈们讥讽，同他一起来的年轻同事心里也不平衡，看到李伟被领导的嘉奖，就去领导那里告状，说什么上班时间干别的事情，用公家电话办私事儿……其实，不过都是些鸡毛蒜皮的小事，但是被人家抓到辫子的李伟，还是被领导找去谈话了。领导说："小李啊，你还年轻，虽然有了点成绩，但千万不能骄傲自满啊，毛病虽小，但一不注意，就会犯大错啊。"从领导那里出来的李伟十分恼火，但是他并有找那些告状的同事理论，而是积极接受这个事实，努力消除这些负面影响。

随后的日子里，李伟在认真工作的同时，也仔细观察周围的同事，努力搜寻他们身上的闪光点，他发现原来身边的同事个个都有不寻常之处。那个经常讥讽他熬夜写稿子的前辈，有一个非常优秀的儿子。于是，在同她聊天的时候，他便有意无意把话题带到她儿子身上，夸她家儿子如何如何优秀，还说要向她请教她的教育方式。一谈她的儿子，她的眼睛一下子就亮了起来，说话也一套一套的，慢慢地，她对李伟也没什么成见了。还有，那个告状的年轻同事居然写得一手漂亮的钢笔字。于是，李伟常有事没事就拿起他的字来临摹，还总夸他的字漂亮，还请他做自己的老师，教他如何写钢笔字。听李伟这么说，他有些不好意思了，渐渐地，他们的关系也好了起来。

李伟刚到单位，努力工作，受到了领导的赏识，却受到了同事的排挤；后来，李伟通过与同事交流，主动承认自己的不足，并称赞对方，终于和同事打成一片。前后两种截然不同的现象说明了人们对于强者和弱者的不同态度。

人和动物的根本区别在于人会主动思考。在现实中，幸运和成功很容易受到别人的嫉妒和诽谤。这时，与人生气、吵架不仅解决不了问题，反而有可能会加剧双方关系的恶化。与其保持自己强者所谓的气势，倒不如像李伟那样主动示弱，针对同事的优点，真诚地给予一些赞美之词，这样就会平衡别人的忌妒心理，为自己创造一个良性发展的环境。

**经典语录：**

木秀于林，风必摧之；堆出于岸，流必湍之；行高于人，众必非之。

——李康《运命论》

## 得理饶人，别把人逼到死角

《论语·子路》中记载了这样一个故事：有一天，一个叫叶公的人来看望孔子，他跟孔子说："我的家乡有一个很正直的人，就算他的父亲偷了别人的羊，他都去告发。"孔子对他说："在我的家乡，这是不正直的。在我们那里，父亲会隐瞒孩子的过错，孩子会隐瞒父亲的过错。这样，人自然就正直了。"

初读这个故事，或许会觉得孔子的"父为子隐，子为父隐"是一种徇私，是对法律的一种亵渎，父亲偷了别人的羊，就是犯法，儿子告发父亲，这是应该被赞扬的啊，为什么孔子会说是不正直的呢？

原来，孔子认为，在严正不苟的法律之外，还须坚守"道德"的意义，一切事情都应该是在"情理之中"的。所谓"情理之中"，就是说人生在世，不仅要在"理"的约束下做人做事，更重要的是懂得在

## 第九章　要忠厚也要有谋略：完美的处世策略

"情"的指导下为人处世。只要做到情与理的适当结合，一切事情自然会水到渠成。

孔某是一家公司的财务部经理，作为公司少有的几个高材生之一，他的能力自不用说，业务十分出色，总经理常常对他赞不绝口，然而，他与下属的关系却很是一般。就拿上次小张迟到来说吧，那天，小张的父亲得了急病，他先把父亲送到医院，然后匆匆忙忙地赶到了公司，但还是迟到了几分钟。小张平时工作十分认真、勤恳，从来没有迟到过，但孔经理还是对小张进行了严厉的通报批评，并按照公司相关规定处以罚款。为此，大家都觉得孔经理太过严厉了，纷纷替小张求情，然而孔经理把大家都给骂了，还特意开了一个讨论会，讨论大家的作风问题。

相比之下，行政部的洪经理对待下属就和善多了。在平时的工作中，洪经理对下属也要求很严格，然而下属偶尔出了差错，他总能站在下属的角度来考虑，主动为下属承担责任。这样，下属都觉得洪经理人好，做事情的时候尽量把错误降到最低，以免给洪经理带来不必要的麻烦。下属的齐心协力，使得洪经理的工作考核始终名列前茅。此外，洪经理每次出差回来，都给下属带点当地的特产，下属都拿洪经理当大哥，整个部门就好像一个大家庭一样，关系十分融洽。

俗话说得好，"得人心者得天下"，在今年公司内部的人事调整中，洪经理不仅工作业绩出色，而且群众口碑很好，所以，公司领导提拔他为副总经理。而孔经理则因为缺少人情味的管理方式，被领导认为不具有高层领导的素质要求，只得继续待在原位。

身为公司的高层领导，不仅要有出色的业务能力和管理能力，更重要的是具有良好的人际关系。在下属犯错时，洪经理能够站在下属的立场上，为其承担责任，让下属觉得他是个值得努力工作来回报的领导；而孔经理发现下属犯了错误，则得理不饶人，非要按照相关规章制度来处罚。

一个人情理并重，一个人只重规则，二者的处世方法不同，最后的结果也不同：洪经理被提拔为副总经理；而孔经理则只能继续原地踏步。

当然，坚持原则没什么不对，毕竟"无规矩不成方圆"。然而，一个人如果凡事都只按照原则来做，那么结果很有可能会失败。原因很简单，比如，你与别人发生争执，理在你这边，所以你据理力争，把对方逼到无路可退，那么，你就要小心了。所谓物极必反，一旦你的小辫子被他抓住，那么他就会不遗余力地将你击溃。所以，当你与别人发生争执而你又占理时，不妨宽容一点，放过对方这一次小的错误，很有可能为你换来将来大的回报。

所以，坚持原则固然必要，坚持情理并重的处世方法更加重要。如果说理是规则的事物，那么情可以说是不规则的事物。虽然说"无规矩不成方圆"，然而在现实生活中，人们却更喜欢不规则的美。维纳斯缺了两条胳膊，人们不仅不会觉得有丝毫别扭，反而会为这种残缺美深深打动；山城重庆，各种建筑随山而建，傍水而依，一切是那么的不规则，然而却又是那么的美。因此，凡事都做到情理之中，美也就随之产生了。

**经典语录：**

不要"得理不饶人"。得理者也要适可而止，得饶人处且饶人。宽容还是对自己偏激、心胸狭窄、斤斤计较、愚昧无知的解脱。自认得理的事未必得理。

饶人不是痴汉，痴汉不会饶人。

——古今俗语

## 眼高手低，离成功会越来越远

大学生就业问题已经成为一个全社会共同关注的焦点。许多刚毕业的大学生往往都认为自己是受过正规的大学教育，是天之骄子，因此第一理想就是进入国家公务员行业，如果实在不行，那就得进大公司或者外企，而面对需求量更大的小公司往往不屑一顾。这种好高骛远的做法，最终只能使自己离成功越来越远。

战国时，赵国大将赵奢有个十分聪明的儿子，名叫赵括。赵括从小受家庭影响接触了不少兵法，史上战役无一不晓，各种战术无一不通。因此，他从来没有把任何人放在眼里，就连他的父亲赵奢和著名将军廉颇跟他讨论用兵之术，也难不倒他。公元前260年，秦军与赵军在长平对阵。赵军因实力不如秦军，采取了坚守壁垒的战术，面对秦军的屡次挑战，主帅廉颇都置之不理。后来，赵王中了秦国的反间计，由赵括代替廉颇出任主帅。赵括上任后，一改廉颇的防守策略，决定主动出击。秦军主帅白起见赵国上当，于是分兵两路，一路佯败，将赵军吸引至秦军壁垒附近；一路则绕道赵军后路，切断其粮草及救援。最后，赵军被困四十余日、突围

四五次不成后，终于战败。赵括在战争中战死，而40多万赵兵尽被坑杀。

长平之战中，赵国的失败有很多原因，然而最直接的原因莫过于赵括的"纸上谈兵"，它充分说明了眼高手低必然会导致失败的道理。

在古代残酷的战争中，眼高手低会导致战争的失败，甚至亡国；在现代没有硝烟的竞争中，眼高手低则有可能会导致工作的失误，甚至公司的倒闭，让你离成功越来越远。

段丽毕业于某名牌大学外语系，她每天都梦想进入一家大型的外资企业，然而，天不遂人愿，在面试了众多公司之后，她不得不到一家刚成立没多久的小公司做涉外文秘。家人都说，能找到工作就好，先安心工作几年，等经验积累到一定程度，再瞅机会跳槽吧。然而，心高气傲的段丽却不以为然，她一心想利用三个月的试用期"骑驴找马"，根本没有把公司的工作放在心上。

在段丽看来，这里的一切都不顺眼。公司环境不好、老板实力不够、同事水平太低、公司制度也很不完善……与自己当时梦寐以求的外企没有一点沾边，而自己的工作又是简单得不得了。就这样，段丽每天拖拖拉拉的，工作能拖就拖，能躲就躲，总是在心里抱怨老板和同事，还常常感叹现实与梦想的差距。

三个月的试用期很快就过去了，"马"没找到，"驴"也要跑了。段丽不知道，她每天长吁短叹、抱怨不断的态度，老板和同事都看在眼里了。这日，老板对她说："我们很想留下你，因为你确实是个人才。然而，你好像很不喜欢在我们这样的小公司工作。所以，对于手头的工作，你总是敷衍了事。既然你不喜欢这里，那么，我们彼此都没必要浪费时间了。请另谋高就吧！"这时，段丽才清醒过来，她回想起能来这家公司也是费了很大力气，才从众多求职者中脱颖而出，被老板看中的。再想想如今严峻的就业形势，要找一份这样的工作是多么不容易啊，段丽想着想着，只觉得后悔万分，然而一切都晚了。

故事中，段丽犯了一个年轻人普遍容易犯的错误：眼高手低、好高骛远。年轻人有远大的理想是件好事，但是如果每天都沉浸在自己营造的美好梦境之中，而不去做现实中的工作，那么，你只会离梦想越来越远。

在现实工作和生活中，为了理想，我们必须脚踏实地，根据自身的实际状况，不断调整努力的方向，只有这样，才能一步一步达到自己的目标。古今中外，在事业上取得一定成就的人，有很多都是在低微的职位和简单的工作中慢慢成长起来的。所以，千万不要轻视微小的工作，或许照这样下去，你可能达不到你的理想目标，但是不要灰心，不要气馁，请先做好一个普通人该做的普通事，这样你会积累更多的基层经验，你的视野也会更加广阔，而踏踏实实做人、做事也会让你接触更多的人，交到更多的朋友，或许实现你理想的机会就隐藏在其中。

相反，如果我们"眼高手低"，一天到晚抱怨现实与理想的差距，简单的工作不想干，困难的工作干不来，那么，你只会永远站在人生的起跑线上，无法到达终点。

**经典语录：**

自命大材小用，往往眼高手低。　　——英国名言

## 善待他人

在遥远的古代，我国伟大的思想家孟子就曾说过："老吾老，以及人之老；幼吾幼，以及人之幼。"而到了今天，孟子的话，仍然是人们为之努力的一个方向。试想，如今的我们能做到这一点吗？在寒风中，当你遇见街头瑟瑟发抖的乞讨者，你是视而不见，还是投去怜悯的目光，还是一声问候？

美国著名成功学家拿破仑·希尔小的时候十分调皮，以至于只要一有坏事发生，大家就都认为是他做的，甚至连他的父亲和哥哥对此也深信不疑。后来，希尔索性就坏了起来，他心想："反正你们都认为我是坏孩子，那我就坏给你们看。"

然而，有一天，一个陌生女人的到来却改变了希尔的一生。这个女人就是希尔的继母。那一天，他的继母第一次来到他家，当她走到希尔旁边时，希尔的父亲说："这就是拿破仑，全家最坏的孩子。"然而，意想不到的是，他的继母把手放在他的肩上，眼里闪烁着光芒，看着希尔说："最坏的孩子吗？我看不是，我认为他是全家最聪明、最善良的孩子，让我们把他的本性引导出来吧。"

继母对希尔的爱心和信心，让希尔感动至极，他身上的天赋和潜能随即被彻底激发出来，他的命运也随着继母的出现而有了翻天覆地的变化。

## 第九章 要忠厚也要有谋略：完美的处世策略

对待亲人应该持有爱心，对待他人也应该如此。如果我们的善心不仅仅只针对自己的亲戚，而是遍及任何一个人，那么相应的，他们也会对我们心存善意。相反，如果我们一味的以自我为主，总是排斥任何人，那么，毫无疑问，我们得到的也必定是别人的排斥。

张新大学毕业刚刚两年，却已经换了六个单位了。而且，最近又有跳槽的打算。他的亲戚朋友都很纳闷，不明白他为什么总是要换来换去。原来，张新总觉得老板和同事都不认可他，也都不怎么和他说话，在单位里他觉得很是压抑。

这不禁让他的亲戚朋友想起，张新在学校读书期间，也是没几个同学愿意和他交朋友，而他对此毫不在意，虽然他也过得不愉快，但他始终认为，将来自己工作了，一定要做番大事业，让那些看不起自己的人对他刮目相看。然而，直到现在，张新还是无所作为。

熟悉张新的人都知道，他其实是很有进取心的，只是他有一个很大的缺点：他太自负了。他总认为自己很聪明，什么都比别人强，因此，面对同学的提问、同事的请求，他总表现出一副盛气凌人的模样。时间一长，大家就都不愿意和他交往。然而，张新对此却毫无察觉，他始终觉得是周围人对他不友善。因此，单位换了一家又一家，却没有交到一个朋友，他也因此变得很抑郁，每天都无精打采的。

有一次，张新在和一个朋友聊天时，又提到了这个事情。朋友没有安慰他，只是给他讲了个故事：秋天到了，北方的天气变得越来越冷，一只乌鸦看到成群的鸟儿都飞往南方去过冬，也想离开北方。这一日，乌鸦遇到了一只鸽子，它们一起停在树上休息。鸽子问乌鸦："我们离开北方，是因为这里太寒冷了，不适宜生存，你为什么又非要离开呢？多么辛苦

啊？这里不是挺好的吗？"乌鸦叹了口气，郁闷地说道："我也不想千辛万苦飞往南方啊。但是你不知道，这里的人见到我就拿石子砸我，还说我的叫声太难听了，让他们觉得很不吉利。没有办法，我就想换个环境也许会有所改观吧。"听了乌鸦的话，鸽子说："我劝你别去南方了，如果你不改变自己的叫声，那么不管你飞到哪儿，迎接你的只能还是石子。"

听完朋友的故事，张新良久没有说话，他好像明白了问题所在。

张新不被周围的人所接受，并不是因为周围的人有问题，而是张新自身的问题。正是因为张新在与同学、同事的交往中，表现出来的盛气凌人的样子，让别人感觉不到他的善意和真诚，所以大家都不喜欢跟他交往。这就好比一个人对着大山喊"真讨厌"的时候，听到的也只能是"真讨厌"的回音。

在当今这个处处需要合作的社会中，人与人之间是一种互助的关系。你只有善待身边的每一个人，处理好人际关系，才能获得他人的认可，为自己的生活和工作营造便利的环境。

所以，善意地对待身边每一个人吧，对他人要多一份理解和宽容。因为，善待他人就是善待自己，正如古印度佛经中说的那样：赠人玫瑰，手有余香。

**经典语录：**

己所不欲，勿施于人。　　——《论语》

## 阎王、小鬼都得罪不得

在现实生活中，我们往往会有这样的感受，办事要找关键人物。关键人物一句话，事情就能搞定。但在实际生活中，我们往往接触不到关键人物，而在这个时候，关键人物身边的人对自己往往起着意想不到的作用。

因此，很多时候，我们要和这些人搞好关系，尤其是间接的联系。

秦国时，法家商鞅通过变法直接帮助秦国一跃而成为战国七雄之首，其功劳可谓居功至伟。然而，商鞅最终却落了个五马分尸的下场。是什么原因让一个居功至伟的权臣沦落到如此下场呢？

原来，商鞅变法初期并不是很顺利，因为，商鞅颁布的法律有很多条款直接损害了秦国贵族的利益，所以招致了众多贵族们的一致反对。这其中，也包括了秦王的继承者——太子驷。一次，太子再次犯法，为了保证变法的顺利实施，商鞅决定将太子的老师公子虔的鼻子割下来（古代，王位继承者一般不会被处刑，而多处罚其老师）。然而，十几年后，太子驷继位，开始翻旧帐报复商鞅，他指示公子虔出面诬告商鞅谋反。于是，不仅商鞅被五马分尸了，就连他的家族也被牵连而诛灭了。

商鞅变法固然没错，错就错在他不懂得变法的实施方式。太子虽然有错，然而人家毕竟是准王，是你未来的老板，你现在将人家老师的鼻子割了下来，就是不给人家面子，现在你是秦王的大红人，人家奈何你不得，然而，这笔账人家可记下了。俗话说，"君子报仇，十年不晚。"小人的仇恨更是会记得长久，而且越久越恨。所以，十几年后，太子继位，商鞅的下场也就可想而知了。那么，商鞅应该怎么办呢？难道说就不变法了吗？变法当然是必须进行的，关键是要注意变法实施的方式。倘若太子犯法，可以采取委婉的方式来处理，比如可以通过秦王来劝诫太子不要犯法。

俗话说："阎王好斗，小鬼难缠。"当商鞅是大红人的时候，他得罪了秦王身边的太子以及贵族阶级，就好比得罪了阎王身边的小鬼。这些小鬼当时虽然没法推翻商鞅，但是一旦他们掌权了，他们必定会置商鞅于死地。所以，阎王不能得罪，小鬼同样也得罪不得。

王小姐最近十分苦恼，因为她被公司"炒鱿鱼"了。王小姐在一家台企做文秘，她的老板是个女台湾人。王小姐的工作成绩大家都是有目共睹的，虽然最主要的工作任务就是为老板订机票这么简单的工作，但是王小姐从来没有嫌工作太过单调而反感，她总是开开心心、兢兢业业、尽职尽责地工作。王小姐明白，现在找一份好工作太难了，尤其是在台企这样的好公司，更不能轻易丢掉工作。然而，人算不如天算，因为得罪了一个"重要人物"，这份工作也就这样没了。

事情是这样的，这一天，总经理助理跟王小姐说给老板订一张第二天下午的飞机票，本来事情很简单，王小姐也很快订到了票。谁知道，第二天上午，老板来找王小姐要票，还说马上要赶飞机。王小姐马上问道："不是说下午的票吗？"然而，老板肯定地说是要的上午的票，助理也一口咬定说告诉王小姐订上午的票。王小姐虽然性格温和，但是从不怕事，于是，她就和助理争了起来，非要他承认是自己交代错了，才导致老板的行程出错了。最后，还是老板做了和事佬，事情就这样不了了之了。然而，谁都知道，王小姐在公司的日子也快要到头了。因为，大家都清楚，助理跟老板的关系很是暧昧，得罪了助理无异于得罪了老板，甚至比得罪老板的后果还要严重。

果然，没几天，王小姐就被公司找了个借口给辞退了。

在职场中，有一些人是不可以得罪的，比如老板，他给了你工作，给了你薪水，一旦你得罪了他，也就等于砸了自己的饭碗。还有一些人也不可以得罪，这些人虽然不直接给你付薪水，但是他们比你接触老板的机会要多，他们说的话对老板能产生很大的影响，就像故事中的总经理助理一样，一旦得罪了这样的人，后果可能比得罪老板还严重。这两类人中，老板好比是阎王，他决定你的生死轮回；另一类则好比小鬼，你要想见到阎王，先得经过小鬼这一关，倘若你不把小鬼放在眼里，那么很有可能会被他们折磨至死，根本就见不到阎王，更别谈轮回转世了。

所以，从社会交往能力和适应能力的角度看，最理想的做法莫过于阎王和小鬼都不得罪，做一个圆滑的老实人，也就是说，要做个处世灵活但却心存友善的人。在日常工作当中，针对不同类型的同事，应该采取不同的策略来交往，同时，还要让你的顶头上司了解你、喜欢你。只有与上司、同事保持良好的人际关系，才能更好地开展工作。

**经典语录：**

阎王好挡，小鬼难搪。　　　　　——古代俗语

## 与不喜欢的人也要打好交道

联想总裁柳传志曾说过这样一句话：人的综合素质中，必须具备这样一种能力，就是要学会和你不喜欢的人打好交道，这样，当你面对一些比较棘手和复杂的情况时，你也能很自如地处理。

这个道理似乎很容易懂，人处在这个复杂的社会中，总会遇到形形色色的人，不可能所有的人自己都喜欢，所以尽量要和所有人都处好关系，包括那些自己不喜欢的人。但是，说起来容易做起来难。当人们的成就达到一定程度时，往往会轻视那些自己不喜欢的人，甚至排挤、打压这些人。然而，生活中，每个人都有自己的角色，每个角色都是无法替代的，就好像一颗螺丝钉相对于一架飞机的作用，螺丝钉虽然毫不起眼，但是没了它，飞机也许不能顺利起飞，就算起飞了，也有可能中途会发生故障而坠机。

张鹏是一家外贸公司的中层管理人员，在公司最艰难的时候，是他拉了几个大客户，不仅帮助公司成功度过难关，而且还盈利了几百万。这两年，张鹏为公司拉来了好几个大客户，赚来了几千万的利润。张鹏逐渐成为了公司不可或缺的人物，老总也对他赞不绝口，还多次暗示他前途远大。为此，张鹏更加卖力地跑业务了。

与张鹏出色的业务能力相比，他的人际交往能力就要逊色得多。有一次，他出差去见一个客户，双方商谈很顺利，合同都准备好了，就差订金

## 第九章 要忠厚也要有谋略：完美的处世策略

了。然而，张鹏催了很多次，订金却迟迟没有到来，结果，客户没那么好的耐心，跟别的公司签了合同。事后，张鹏才知道是公司的出纳员没有及时给他汇款。他平时就对那位出纳员很是轻蔑，认为她是靠着一张漂亮的脸蛋才得来的工作，所以根本没把她放在眼里。却没有想到，这么紧要的关头，居然是她给自己下绊了。还有一次，他在外办事，但是一个人又没办法处理好事情，所以请一个同事来帮忙，然而，他没想到的是，同事都快要到了，居然又折返回去了。原来，公司一些资格较老的人觉得张鹏太过狂妄、目中无人，在工作中，从来不和他们交流，总是自以为是，所以他们决定故意为难他，就把那位同事调了回去，让他的工作无法进行。

张鹏一心认为："我的业绩无人能比，就算人际关系再差，只要老总认可我，那么，销售部经理的职位迟早都是我的。"然而，他的如意算盘落空了。在最近的人事调动会议上，董事会本想将张鹏提拔为销售部经理，然而却遭到了人事部门的强烈反对。人事部经理说，张鹏的能力固然强，然而他的口碑很差，同事们认为他不懂人情世故、不尊重同事、骄傲自大等等，如果让这样一个口碑很差的人进入公司的决策层，势必会引起公愤，也不利于公司的发展。思前想后，董事会决定牺牲张鹏来稳定"军心"。

就这样，张鹏被那些他平时不注意的、不喜欢的人毁掉了大好前程，最后，不得不离开了公司。

张鹏真的是被那些他不喜欢的人毁掉了前程吗？诚然，那些人故意与张鹏作对自是不对，然而，张鹏自高自大、不可一世的做法难道就对吗？一个人能力再强，也有需要帮助的时候，如果你平时不注意团结同事，那么很有可能会危害到你的前途。就像张鹏，那些平时他不放在眼里的、不

尊重的"小人物",终于在关键时刻坏了他的大事,阻碍了他在公司的发展和成功。所以,与其说张鹏的前程是被那些他不喜欢的人毁掉了,倒不如说是因为他不具备成功人士应必备的重要素质——良好的人际交往能力。

良好的人际交往对一个人的成功有很大帮助。在人际交往中,我们不仅要跟自己喜欢的人处好关系,也要和自己不喜欢的人打好交道,因为多一个朋友就是少一个敌人。与不喜欢的人打交道时,始终要以一颗宽容的心去对待,要善于发现他们身上的优点,而不是只关注他们的缺点。所谓"三人行,必有我师",职位再低、学历再低的人也有闪光之处,更别说那些阅历、学历、能力都在我们之上的人了。因此,我们只要抱着一颗谦逊的心,诚心地向他们请教,很容易就会获得他们的好感,得到他们的认可和帮助,这样,人生的旅途会更平坦,成功也就不会显得遥不可及。

**经典语录:**

你愿人怎样对待你,你就怎样对待人。　　——《圣经》

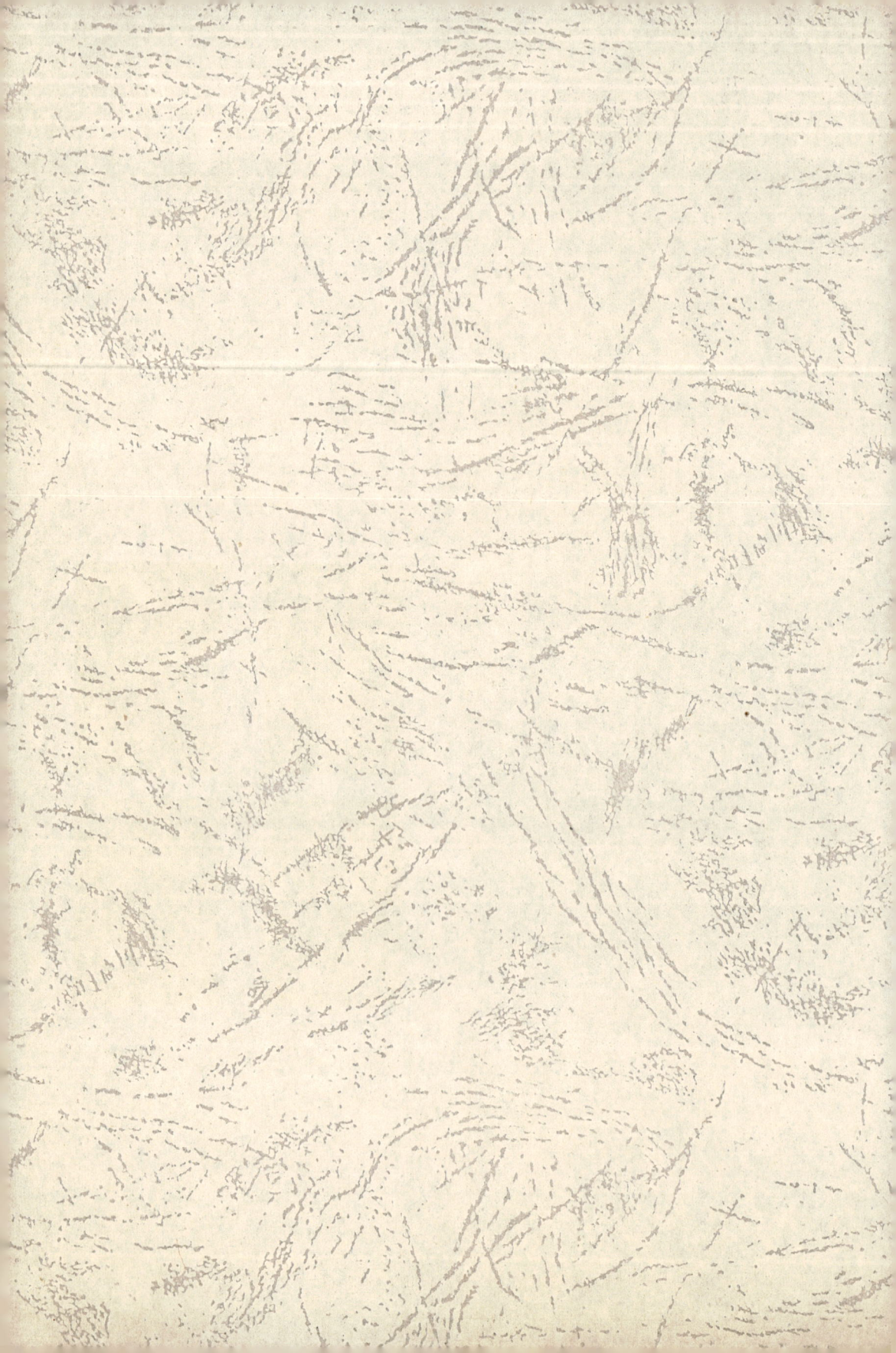